高等院校土建类专业"互联网＋"创新规划教材

实体与数字空间建构

主　编　常　悦　郭苏琳　高智慧　王　冲
副主编　金　莹　张　萌　张广平　于　奇
主　审　张成龙

北京大学出版社
PEKING UNIVERSITY PRESS

内 容 简 介

本书旨在通过对实体与数字空间建构的系统论述,总结和梳理实体与数字空间建构的发展脉络、设计理念和具体操作方法。 针对新工科背景下交叉学科的科技创新应用,本书还重点介绍了虚拟现实技术在空间建构中的应用。

本书适合作为高等院校建筑学专业的学习用书,也可作为建筑设计行业方案创作部门的扩展读物,还可作为设计爱好者的参考读物。

图书在版编目(CIP)数据

实体与数字空间建构/常悦等主编. —北京:北京大学出版社,2022.5
高等院校土建类专业"互联网+ "创新规划教材
ISBN 978 - 7 - 301 - 33009 - 8

Ⅰ. ①实…　Ⅱ. ①常…　Ⅲ. ①建筑空间—建筑设计—高等学校—教材　Ⅳ. ①TU2

中国版本图书馆 CIP 数据核字(2022)第 081601 号

书　　　　名	实体与数字空间建构	
	SHITI YU SHUZI KONGJIAN JIANGOU	
著作责任者	常　悦　郭苏琳　高智慧　王　冲　主编	
策 划 编 辑	伍大维	
责 任 编 辑	伍大维	
数 字 编 辑	蒙俞材	
标 准 书 号	ISBN 978 - 7 - 301 - 33009 - 8	
出 版 发 行	北京大学出版社	
地　　　　址	北京市海淀区成府路 205 号　100871	
网　　　　址	http://www.pup.cn　新浪微博:@北京大学出版社	
电 子 信 箱	pup_6@ 163. com	
电　　　　话	邮购部 010 - 62752015　发行部 010 - 62750672　编辑部 010 - 62750667	
印 刷 者	河北文福旺印刷有限公司	
经 销 者	新华书店	
	787 毫米×1092 毫米　16 开本　9.5 印张　228 千字	
	2022 年 5 月第 1 版　2022 年 5 月第 1 次印刷	
定　　　　价	40. 00 元	

前言

随着我国建筑类专业教学改革的深化，结合实体搭建及数字化协同设计的空间建构实践性教学方式越来越广泛地应用在建筑学及其相关专业的设计基础阶段，但介绍空间建构理论体系的相应论著尚不多见。目前教学中多以教案、讲义、相关参考读物及影像资料等进行讲授，急需系统梳理相应的实体空间建构设计理论及创新数字空间建构技术的探索实践。鉴于此，本书在理论层面总结和完善实体与数字空间建构理论体系，借助建构方法行之有效地建立空间生成的设计思维；在实践层面提升学生对建构材料的感知能力、思维的拓展能力、实体建构的动手能力及对建筑设计方案生成的创造能力。

本书的特点如下。

（1）针对现象，解决问题。针对建筑行业的需要、高等院校建筑学专业国际交流合作教学的日益频繁、建筑学设计理念的逐步更新，本书融合了中西方建筑学基础教学模式，结合建筑学及相关专业新生对于空间建构抽象概念难于理解的现状，简洁清晰地阐述了相关内容及基本理论。

（2）结合实践，强化应用。本书在编写过程中，注重理论的实践指向，突出其应用性，强化空间理论与建筑设计的关联，避免一味使用晦涩难懂的理论讲述方式，而采用理论讲解与空间模型实体搭建相结合的方式，使学生在创作中能直观理解和掌握空间理论与建筑设计方案生成之间的关系。

（3）案例分析，直观深入。本书导入多个新近案例，直观深入地展示了空间建构设计和实践的全过程，结合每个案例的构思及点评，可以使学生直观理解理论要点，便于深入理解与掌握。

（4）"多媒立体化"编写，便于完善教学体系。本书配套电子教案、电子课件、参考资料等，方便教师与学生使用。

本书由吉林建筑大学常悦、郭苏琳、高智慧、王冲担任主编，由吉林建筑大学金莹、张萌、张广平、于奇担任副主编。吉林建筑大学宋义坤、周洪涛、杨雪蕾、周春艳、王春晖、迟庆娜，长春工程学院金松涛、崔煜、丰伟，长春建筑学院张蕾、滕佳佳、何岩、王樱默提供了相关优秀建构作品；吉林建筑大学赵天澍、任涵予及英国利物浦大学建筑学院建筑与视觉艺术中心理查德·考克、宋阳撰写了相关资料信息，对此深表感谢！

本书由全国建筑学专业指导委员会委员、国家一级注册建筑师、吉林省教学名师、吉林省建筑大师张成龙教授主审。张成龙教授在本书编写过程中给予了大力支持，并提出了很多宝贵的意见和建议，在此表示衷心的感谢。

由于编者水平有限，书中难免有不妥之处，恳请广大读者批评指正。

编　者
2022 年 1 月

资源索引

本书课程思政元素

　　本书课程思政元素从"格物、致知、诚意、正心、修身、齐家、治国、平天下"中国传统文化角度着眼，再结合社会主义核心价值观"富强、民主、文明、和谐、自由、平等、公正、法治、爱国、敬业、诚信、友善"设计出课程思政的主题，然后紧紧围绕"价值塑造、能力培养、知识传授"三位一体的课程建设目标，在课程内容中寻找相关的落脚点，通过案例、知识点等教学素材的设计运用，以润物细无声的方式将正确的价值追求有效地传递给学生，以期培养学生的理想信念、价值取向、政治信仰、社会责任，全面提高学生缘事析理、明辨是非的能力，把学生培养成为德才兼备、全面发展的人才。

　　每个思政元素的教学活动过程都包括内容导引、展开研讨、总结分析等环节。在课堂教学中，教师可结合下表中的内容导引，针对相关的知识点或案例，引导学生进行思考或展开讨论。

分类	内容导引	展开研讨 (问题与思考)	总结分析 (思政元素)
格物、治国	建构的基本概念	1. 正确认识建构的基本概念 2. 辩证地看待建构内涵	辩证思维 民族瑰宝
自主学习、致知、治国	空间生成	1. 以建筑学专业眼光审视空间建构逻辑 2. 从城市的历史和文脉角度认识空间建构 3. 通过文字和手绘等方式记录建构形式	专业与社会 文化传承 自主学习
格物、正心、治国	平面构成的缘起及概念	1. 平面构成是形态构成理论的先导 2. 我国平面构成理论的发展	适应发展 改革开放 道路自信
齐家、致知、治国	形态的表现	1. 建构中的形态主要体现在结构体系、表皮构件等方面 2. 实体与数字空间建构中建筑形态的表现	行业发展 专业能力 现代化
致知、齐家	空间建构实训	三立方米微空间建构实训	沟通协作 逻辑思维
修身、正心	形式美法则	1. 建构本身是一门艺术，在设计时要探讨形式美法则 2. 感性的形式美如何在建构形式中体现	职业精神 责任与使命
平天下、治国	理性之美	1. 理性的建筑之美体现在黄金分割和模数理论等方面 2. 中国古建筑中最具代表性的模数是宋代的"材份制"（宋代《营造法式》中写作"材分制"），匠人用"材"和"份"（宋代《营造法式》中写作"分"）作为度量单位确定斗拱的尺度，进而以斗拱来确定建筑等级、梁跨、柱高、开间和进深等其他建筑尺度	世界文化 他山之石 民族瑰宝

续表

分类	内容导引	展开研讨 (问题与思考)	总结分析 (思政元素)
治国	建构材料与传统文化	建筑所处国家和地域的风俗习惯、居民的喜好及传统在一定程度上能够决定建筑的色彩选择	传统文化
致知、修身	立体构成的概念	1. 立体构成是造型与结构的统一,是由二维平面形象进入三维立体空间的构成 2. 立体构成结合实体形态和空间形态,表达方式包含了材料的选择、结构的合理性、造型的美感,是复杂知识点的综合应用	专业水准 创新意识
修身、致知	建筑设计中的立体构成	建筑设计中的立体构成思维是复杂的设计结果	全面发展 专业能力
治国	建筑设计中的传统空间要素	以空间设计要素为切入点探讨中国传统设计审美原则及规律	传统文化 民族自豪感
平天下、致知	建筑肌理的材料表达	1. 不同材料反映不同的建筑肌理和特色 2. 建筑材料和肌理共同反映民族地域特色	环保意识 专业能力
致知、治国	新材料在建筑肌理中的使用	1. 涂料、高分子材料等新材料的研发和使用在未来的建筑设计中起到重要作用 2. 建筑的材料和技术是不断发展的,要用发展的眼光看待不断进步的现代建筑技术	科技发展 工业化
正心、齐家	群体空间设计	1. 群体空间须团队在一定范围内完成多个独立空间,共同体现整体设计概念 2. 群体空间的设计要统一思想,并展现各组的条件特点,符合我国经济发展的要求	团队合作 大局意识
格物	人体尺度	1. 人体尺度在古代因何被认为是宇宙中最完美的尺度标准 2. 人体尺度具体体现在与建筑室内、室外的尺度关系上	求真务实
诚意	城乡尺度	探讨当代城市发展及乡村振兴建设中人的生活感受	爱祖国 爱家乡
平天下	建筑与内部尺度关系举例	近现代西方建筑的萌芽和发展时期要早于我国,并已达到了从功能到建筑技术的高度发达	他山之石 洋为中用
格物、正心、平天下	"形式追随功能"思辨	1. 建筑功能是建筑设计的首要要求,需优先设计功能,再设计造型 2. 在近现代建筑设计行业中出现了诸多反例,如何理解扎哈·哈迪德、弗兰克·盖里等设计师的设计逻辑	辩证思想 理论自信 可持续发展

续表

分类	内容导引	展开研讨 (问题与思考)	总结分析 (思政元素)
致知、修身、齐家	实体建构	建筑设计是一门理论联系实际的课程,不仅需要图纸的设计和实地的施工,更需要掌握建筑从理论到实践的全过程	实践能力 工匠精神 团队合作
诚意、平天下	数字空间建构发展背景	建筑数字技术的引入与发展,依赖于多元化理论的归纳与解析,不同理论体系正以各自的方式将艺术文化、科学技艺、哲学思想进行系统性整合,从而构筑支撑建筑领域数字化发展的有力体系	爱国主义 洋为中用
齐家、致知	数字空间建构在建筑设计中的应用	实体和数字建构中建筑的结构体系外部体现	行业发展 专业能力 增强文化自信

注:若想获得教师版课程思政内容,请与出版社客服联系。

客服微信号

目 录

第1章
空间的生成

思维导图

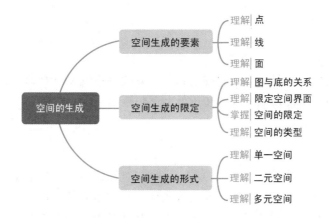

  人类最早的空间营造活动是从原始时期开始的，为了遮风挡雨、阻隔严寒和防止野兽侵袭，原始人从森林里挑选合适的树枝，在树上搭建巢穴，在地面上搭建住所，这就开始了最早的空间营造活动。实际上，生活中常常是一些有形之物所限定的空间提供给我们便利。老子在《道德经》中曾这样说道："埏埴以为器，当其无，有器之用。凿户牖以为室，当其无，有室之用。故有之以为利，无之以为用。"这段话被认为是中国传统道家思想对空间的经典阐释。

  空间是建筑的本质，具有不同文化背景的人对空间的理解各不相同。

  日本建筑师芦原义信在《外部空间设计》一书中提到空间基本上是由一个物体同感觉它的人之间产生的相互关系所形成的。这一关系主要依靠人的视觉来感知。当然，听觉、嗅觉、触觉也是认知和体验空间的重要手段。

  意大利建筑师布鲁诺·塞维在《建筑空间论》一书中指出：所谓空间，不仅仅是一种洞穴、一种中空的东西，或是"实体的反面"；空间总是一种活跃而积极的东西。空间不仅仅是一种观赏对象……而特别就人类的、整体的观念来说，它总是我们生活在其间的一种现实存在。也就是说，空间的存在具有现实性。空间是真实存在的，这种真实除了包括物质上的组成元素、界面、形式上的组合方式等，还包括人的因素、社会的因素、情感的因素等，是更高层面的理解。

  挪威建筑历史学家和理论学家诺伯格·舒尔兹在《存在·空间·建筑》一书中提出五

种空间概念，即肉体行为的实用空间、直接定位的知觉空间、环境方面为人形成稳定形象的存在空间、物理世界的认识空间、纯理论的抽象空间，并对存在空间和建筑空间进行了详尽的分析。他认为的建筑空间是"环境方面为人形成稳定形象的存在空间"，这对于建筑空间的价值判断与创造具有重要意义。

空间生成的要素

1.1 空间生成的要素

世间万物都有自身的形态，任何形态进行分解、提炼、概括后，都可以找到其最基本的构成元素。空间也不例外，经过分解、提炼、概括后，也可以找到其最基本的构成元素——点、线、面。

1.1.1 点

1. 点的概念

在几何学定义中，点只是个相对的概念，点只代表位置，没有大小、长度、宽度和厚度，是最小的单位。线的两端、线的转折处、三角形的角端、圆锥形的顶角等位置都有点的存在。

2. 空间中的点

空间中的点并不是几何学意义上的点，只是相对比较小的视觉单位，具有相对意义上的位置、方向、形状、长度、宽度和厚度等属性。点物体的长、宽、高中没有一个尺度明显大于其他尺度。点在不同背景、不同距离内，有时可能会是点，有时可能会是面，有时甚至还是体。判断空间中的点，应视不同环境和情况而定。例如，某一建筑物，在平常你绝对不会把它定义为点，但当你坐在飞机上往下看该建筑物时，就可以将其定义为点。

点是一切形态的基础，也是空间构成要素的最小单位。点作为空间的构成要素，它的特点是活泼多变，它是空间其他构成形态的基础。点具有很强的视觉引导和集聚的作用。在空间中，点可以通过集聚视线而让人产生心理张力，起到引人注意的作用，也可以通过紧缩空间而产生节奏感和运动感。在空间中，不同的点起着不同的作用，会给人不同的视觉感受。点通常是在空间中通过比较来确认位置和特征的。空间中以不同形式出现的点，具有不同的生命力。

在我们生活的环境中，点随处可见。某物体只要相对于它所处的空间来说是足够小的，而且是以位置为其主要特征的，该物体就可以被看成是点。例如，墙面上的一个挂钟、商店门面前的店徽、大型企业建筑物上的一面红旗、原野中的一间茅屋等，都是相对于其所在空间构成的点。尽管点很小，以至于可以忽视它存在的体积，但它却可以标明或强调位置，形成视觉焦点。点的这种位置、坐标和方位的性质，在设计中运用很广泛。在形式构图中，所谓点，本质上就是位置的概念，实际上也是经营各种形式要素的方法和坐标。

3. 点的性格特点

当空间中很多点连续排列且间距比较近时，会产生线、面的感觉，即点群化中的线化和面化。点在空间中的位置很重要，当一个点在空间中处于相对居中的位置时，能使空间保持安定感而显得平稳，还可以提高人的关注度；当一个点在空间中处于比较边缘的位置时，会有逃逸的感觉。

1.1.2　线

1. 线的概念

在几何学定义中，线只有位置、长度而不具有宽度和厚度，是点的运动轨迹。线在形态上可分为直线和曲线两种。空间中所有线的形态都是由直线与曲线混合派生出来的。

2. 空间中的线

空间中的线，虽然不同于几何学意义上的线，但只要物体的长、宽、高中有一个尺度明显大于其他尺度数倍，具有线的特征，就可以视为线。此外，也可以将空间中相对细长的形体理解为线。空间中线的形态，与点强调位置与聚集不同，线是空间的基本构成元素之一，不同组合方式的线能构成千变万化的空间形态。在空间造型中，线常用来表现韵律感和秩序感。

线在空间构图形式中的运用，还主要体现在确立势向和构成画面的基本骨架等方面。在充分运用不同性格和表情的线来构图时，应注意以下两个方面的问题：一是方向性，即指线的位置延续移动的指向性，通常既要注意方向的对比（方向不同），又要照顾到方向的呼应和过渡关系（方向相同）；二是各种线的构成通常不是单一的、孤立的，而是两种或多种线的综合运用，这样才能给人以丰富的感觉。

线在空间中可以通过指向性而产生心理暗示作用，可以起到延伸空间的作用，还可以引导空间产生韵律感和秩序感。线在空间中和点一样也能够加强空间的变化，起到扩大空间的效果。此外，空间中的线在形体间起着连接、分割和限制空间，引导视线和指示，转移视线和重点，表达情感及传递信息的作用。

3. 线的性格特点

（1）直线。

直线以最简洁的形式表现了无限的张力和方向，给人直接、锐利、明快、简洁、刚直、坚定、明确等感觉。直线包括垂直线、水平线、斜线、折线。

① 垂直线富于生命力，有力度感和伸展感，给人向上、崇高、庄重、坚强不屈的感觉。垂直线构图具有向上、稳定、力量感。人的视线的自然移动方式是从一侧移向另一侧，而垂直线能把人的注意力引至上下移动，使视线提高，也使空间高度得以更充分的显现。另外，垂直线还具有分割画面、限定空间的作用。

② 水平线给人稳定、平静、呆板、静止、平和、安静、舒缓的感觉。水平线构图在设计中被普遍使用，可以起到横向拓展空间的作用。线的指向性，使水平线构图具有较好的导向作用。另外，水平线的平和、安详特征，能满足观者视觉的舒适感。

③ 斜线具有较强的运动感和方向感，给人兴奋、迅速、运动、前进的感觉。斜线构图可以打破水平线和垂直线的稳定性，制造一种动态的、富于变化的视觉效果。这种类型

的构图空间会使观者产生新奇感和刺激感，从而取得强烈的视觉效果。不过，斜线构图应注意斜度和势向的控制，把握斜线和斜线之间所形成的角度，以求在生动、活泼的变化中取得统一、平衡。另外，由一点形成中心，向四周放射的斜线可形成扇形、半圆形等多种形式，可将人们的目光集中到焦点上，也可将人们的目光从焦点引向四方。

④ 折线方向变化丰富，易形成空间感。

另外，直线的粗细也能给人以不同的感受：细直线显得精致、挺拔、锐利，粗直线显得壮实、敦厚。

（2）曲线。

曲线与直线相比显得温和、柔软，具有女性特征，给人优雅、柔和、流畅、轻盈、自由和运动变化之感，并有较强的柔韧性和速度感。曲线包括自由曲线和几何曲线。

① 自由曲线是指不借助任何工具，随意徒手而成的曲率不定的曲线。自由曲线具有流畅、柔美、变化、自由、潇洒、自如、随意、优美、富有弹性的特点，如开放曲线、波形线等。

② 几何曲线是指用工具绘制的曲线，具有紧张度强、体现规则美、富有弹性的特点，如抛物线、螺旋线、圆弧线、S形线、双曲线等。另外，几何曲线具有节奏、比例、规整性和审美趣味。不同的几何曲线可以呈现出不同的性格：抛物线有速度感，给人以流动和轻快的感觉；螺旋线有升腾感，给人以新生和希望；圆弧线有向心感，给人以张力和稳定感；S形线有回旋感，给人以优美、协调的感觉；双曲线有动态平衡感，给人以秩序感和韵律感。运用这些表情不同、性格各异的曲线进行空间形式构图，可调节、活跃画面，使空间节奏明确、韵律流畅，避免形象枯燥和呆板，给人以优美、活泼、生动的感受。

另外，曲线的长短粗细也会给人以不同的感受：粗而短的曲线显得坚强、有力、稳重、笨拙、顽固，细而长的曲线则显得纤弱、细腻、敏锐、飘逸。

1.1.3　面

1. 面的概念

在几何概念中，面是线移动的轨迹。面也是空间的基本构成元素之一，有着强烈的方向感、轻薄感和延伸性。直线平移形成方形的面，直线旋转移动形成圆形的面，自由直线和曲线移动形成不规则的面。

面物体的厚度与长度和宽度相比尺度小数倍。

面有几何形、有机形和不规则形三种类型，其视觉特征也有所不同。

2. 空间中的面

面不仅具有点的位置、空间张力和群化效应，也具有线的长度、宽度和方向等性质，还具有面积所构成的"量感"特征。

面的大小、虚实不同，会给人不同的视觉感受。面积大的面，给人以扩张感；面积小的面，给人以内聚感；实的面，也称为定形的面或静态的面，给人以量感和力度感；虚的面，也称为不定形的面或动态的面，如由点或线密集构成的面，给人以轻而无量的感觉。任何形态的面，都可以通过分割或面与面的相接、联合等方法，构成新的形态的面，呈现不同的风格。

在空间形式中，面的构成如同二维空间的绘画一样，形体的配置过程如同绘画中对形象元素的运用，可以将不同形状、大小、色彩、质地的形象元素进行相应的组合、搭配。在这当中，确认主要的形象元素并给予充分的表现和强调非常重要，这样才能突出主要形象、突出主题，使之成为视觉的重点。

3. 面的性格特点

面的形状千姿百态，但总体上可以分为两大类，即平面和曲面。平面又可进一步分为几何平面和自由平面。

（1）平面。

① 几何平面。几何平面具有较简单、明确和直截了当的表情。它的两个最原始的形状是正方形和圆形。在这两个图形的基础上，可变化出诸如半圆形、长方形、三角形、梯形、菱形、椭圆形等几何形，也就形成了不同的表情和性格。如正方形的平直、明确；长方形的刚直、舒展；圆形的稳定、柔和；三角形的稳定、向上等，都能给人以不同的感觉。

② 自由平面。自由平面是随意的、灵活的。其中自由直线形面给人直接、敏锐、明快、生动的感觉；自由曲面则给人优雅、柔和、丰富的感觉。面的主要特征是具有幅度和形状。所以在面的构成中，要把着眼点放在面的比例、方向、前后、大小、距离上面。

（2）曲面。曲面是一条动线在给定的条件下在空间连续运动的轨迹。根据形成曲面的母线形状，曲面可分为：直线面——由直母线运动而形成的曲面；曲线面——由曲母线运动而形成的曲面。根据形成曲面的母线运动方式，曲面可分为：回转面——由直母线或曲母线绕固定轴线回转而形成的曲面；非回转面——由直母线或曲母线依据固定的导线、导面移动而形成的曲面。

1.2 空间生成的限定

1.2.1 图与底的关系

形体和空间是相辅相成、互不可分的。一定的形体占据一定的空间，其体积深度便具有了空间的含义。在二维的平面空间中也是一样的，形体与空间的基本形必然要通过一定的物形得以界定和显现。我们将形体本身称为正形，也称为图；将其周围的"空白"（纯粹的空间）称为负形，也称为底。图与底是相对的，缺一不可，没有底就不会有所谓的图；没有图，底也就不存在了。两者相互依存，对立而统一，可以实现相互转化。

1.2.2 限定空间的界面

人们对空间的感知，基本是依靠限定空间的各种形式的界面来实现的。界面就是由物质载体限定的边界。这个边界可以是一个面或一个实体，也可以是一个模糊的界限范围。

界面可以进行空间的分隔和围合。限定空间的界面可以分为底界面、顶界面、垂直界面三种。当然，空间的限定并非要底界面、顶界面和垂直界面同时存在，其中的一个或两个要素都可以形成空间。空间的界面使用越多，所限定的空间的界限越清晰，空间的领域感越强烈；反之，空间的界面使用越少，所限定的空间的界限越模糊，空间的领域感也越微弱。一般来说，内部空间由底界面、顶界面和垂直界面所限定，外部空间由垂直界面和底界面所限定。有时候，垂直界面可以不是十分清晰或者不存在；有时候，底界面、顶界面和垂直界面之间的关系并不那么明确，甚至连为一体。

1. 底界面

底界面与底面有三种关系：底界面与底面重合、底界面相对底面升起和底界面相对底面下沉。

（1）底界面与底面重合。这种形式主要依托底界面的色彩、质感上与周围环境的区分就可以限定出一个空间范围。例如，空间设计中经常用地面材质的变化来区分不同的功能区域。

（2）底界面相对底面升起。这种形式会有一种强烈的空间领域感，并给空间带来一种扩张性。升起的空间具有神圣感和庄重感，能够起到强调空间重要性的作用，并充分引人注意。底界面升起的高度影响着人的视觉感受与整体空间的连续性。当升起的高度低于人的视平线时，视觉与整体空间的连续性得到维持；当升起的高度高于人的视平线时，视线与整体空间的连续性被中断。底界面相对底面升起可增强空间的限定感，限定感的强弱、视觉的连续程度与底面的高度变化有关。

（3）底界面相对底面下沉。这种形式可以明确界定一个范围，并给人以强烈的空间感。下沉后形成的空间具有内向性、安全感和亲切感，可以起到限定某个功能区域的作用。底界面下沉的高度影响着人的视觉感受与整体空间的连续性。当下沉的高度低于人的视平线时，视觉与整体空间的连续性得到维持；当下沉的高度高于人的视平线时，视线与整体空间的连续性被中断。底界面相对底面下沉可增强空间的限定感，限定感的强弱、视觉的连续程度与底面的高度变化有关。

2. 顶界面

顶界面可以限定它本身至底面之间的空间范围。其空间的形式和性质由顶界面的边缘轮廓、形状、尺寸和距离底面的高度决定。顶界面最大的特征是遮蔽性，其限定的空间的私密性并不强，空间围合感也不十分强烈。如果与垂直界面配合，顶界面的空间界限会更清晰。顶界面与底面之间的距离对空间有着重要的影响。如果这一距离相对于人的高度过低，所形成的空间就会让人感到压抑；反之，如果这一距离相对于人的高度过高，所形成的空间就会缺少亲切感。

3. 垂直界面

垂直界面主要表现为柱、隔断、墙面、栏杆等垂直要素。

由于人的视线与垂直要素相交叉，因此与底界面和顶界面相比，垂直界面对空间的限定更加有效。垂直要素限定的空间具有相对清晰的领域感，但不一定完全隔断空间的连续性，这种特征为视线的通透提供了可能。垂直界面的限定要素主要有线和面。线要素限定的空间不完全隔断，空间具有一定的连续性，有较清晰的领域感，空间之间的渗透性和交融性好，具有趣味性和活泼生动的空间特征。面要素限定的空间与线要素限定的空间相比，空间的领域感更加强烈。在空间设计中面要素可以通过一个、多个或组合的面来限定空间，限定元素的不同组合方式可以使空间之间在连续性上表现为或强或弱的空间效果。此外，垂直界面还与其限定要素的大小、色彩、质感、图案等因素有关。

在很多情况下，底界面、顶界面和垂直界面会以不同的方式组合来限定空间。因各个面的大小不同，可以组合形成一般的空间、窄而高的空间、细而长的空间、低而大的空间等不同的空间形式，使空间具有自身的特性，给人带来不同的空间感受。

1.2.3　空间的限定

1. 空间的限定度

空间与空间连接部位的界面处的封闭程度称为空间的限定度。空间与空间的连接往往由开洞来解决，开洞的部位形成一个虚面，当虚面与实面之间的夹角越大时，限定度越强，流通感越小；相反，当虚面与实面之间的夹角越小时，限定度越弱，流通感越大。因此空间的限定度也反映相邻空间之间的流通关系，空间设计主要就是在限定度和流通感上进行设计。

2. 空间的层次

每一个界面都会在一定程度上限定空间，多个界面的同时运用有时会使空间在多个层次上被限定，从而形成空间中的空间，这就是空间的层次。

空间的多次限定体现了不同层次的功能关系之间的组合要求，是空间设计中常见的一种方式。根据具体需要，每一个层次可以是被明确限定的，也可以是模糊不清的，但是不管如何限定，最后一次限定的空间（空间中的空间）往往是主要的空间，而其余层次则是从属的空间。因此这种层次关系也往往成为主从关系。

空间的层次与限定的界面没有层次数目上的对应关系。我们可以用多个界面来限定一个层次的空间，也可以用一个界面来限定多个层次的空间。在基础训练中，我们应该注重对空间形态的塑造，而不应把注意力仅放在限定空间的手段上。

1.2.4　空间的类型

按照空间的性质，以空间限定要素即围合空间的物质要素为界限划分，空间可以分为内部空间、外部空间和灰空间。按照空间与人类行为的关系划分，空间可以分为积极空间和消极空间。

1. 内部空间与外部空间

内部空间是人们为了满足某种功能需求，通过一定的物质材料和技术手段从自然中围合、分隔出来的空间，其特征表现为封闭的和半封闭的，空间的私密性更强。外部空间相对于内部空间而言，是属于自然的一部分，又是比自然更具有意义的人类改造、创造出来的空间，其特征表现为开敞的和半开敞的，空间的公共性和开放性更强。从建筑师的角度来看，在某一用地中，外部空间是建筑的一部分，是"没有屋顶的建筑空间"。

2. 灰空间

在某些情况下，内部空间和外部空间的界限似乎不是十分清晰，很难用有顶和无顶来严格区分，这些空间既可以说是内部空间，又可以说是外部空间，因此将其称为灰空间，又称中介空间、过渡空间或二次空间。

灰空间是介于内部空间和外部空间之间的一种空间形式，其空间特征是半封闭、半开敞的，它兼具内部空间和外部空间的特性，具有模糊性、不确定性和中立性。

"灰空间"是由日本建筑师黑川纪章提出的，他在《日本的灰调子文化》一文中提出：作为室内与室外之间的一个插入空间，介乎于内与外的第三域……因有顶盖可以算是内部空间，但有开敞又是外部空间的一部分……

灰空间的连续性既可以是真实的空间连续，如四面开敞的亭子、悬挑的雨篷等，也可以是视觉上的空间连续，如玻璃界面围合的建筑、透明珠帘创造的界面等。

3. 积极空间与消极空间

积极空间与消极空间的理论是芦原义信在《外部空间设计》一书中提出的，他认为：建筑空间可以大体分为从外围边框向内收敛的空间和以中央为核心向外扩散的空间。

如果一个具有意义的空间在自然中建立起向心的秩序，创造出能够满足人的意图和功能的空间，就是积极空间。这样的空间具有积极性、计划性（所谓计划性，对空间论来说就是首先确定外围边框，并向内侧去整顿）、收敛性，并具有从外向内的空间秩序。建筑的内部空间可以说是具有内部功能的积极空间。比如，在某一场地上有目的、有计划地规划建设一栋建筑，并处理建筑与周边的关系，这一活动就是创造积极空间的活动。

如果一个空间被自然的、非人工意图的空间所包围，就可以把它视为消极空间。这种空间具有消极性，它是自然发生的，无计划性（所谓无计划性，对空间论来说就是从内侧向外侧增加扩散性），具有扩散性。一些自然生成的村落，就是从内向外自发扩散的，它的周围空间可以无限扩展，可视为消极空间。

空间的创造性包括从看似无限的大自然中有计划地分隔并组织出积极空间和创造向无限扩散的消极空间。

积极空间与消极空间的概念对于感受空间的现象、认知空间规律和性质、创造空间形式、创建空间秩序等一系列与空间营造有关的活动都有很大帮助。

1.3　空间生成的形式

1.3.1　单一空间

单一空间是复杂组合空间的基本单元，是构成整体空间的基础。单一空间具有向心性，空间界限较明晰。

不同限定要素的量度和组织方式，会直接影响所限定的单一空间的形态。单一空间的变化主要分三种形式：量度的变化、空间削减的变化和空间增加的变化。

1. 量度的变化

量度包括长、宽、高的尺寸及它们之间的比例和尺度。

对空间而言，量度的变化主要是通过改变一个或多个量度来实现空间的生成变化。例如，一个正方体空间，通过改变它的高度、宽度和长度，就可以将其变成其他棱柱形式，也可以将其压缩成一个面的形式，或者将其拉伸成线的形式。

2. 空间削减的变化

空间削减的变化主要是通过削减空间部分体积的方法来对某一种单一空间形式进行变化。根据不同的削减程度，形式可以保持它原来的本性，或者变化为其他种类的形式。例如，建筑中的庭院就可以看作是在建筑整体内部削减空间，屋顶退台则可以看作是对空间形体进行体块削减。

3. 空间增加的变化

空间增加的变化主要是用增加空间要素的方式来改变空间的形式，这个增加的过程将确定是保持还是变化它原本的形式。通常，增加顶界面是空间设计中常用的增加空间的手法。单一空间的增加，还可以在其空间原形上按照需要添加其他空间，这些添加的部分也属于这个空间，它们构成一个整体。

1.3.2 二元空间

在现实生活环境中，除了孤立存在的单一空间之外，更多的空间总是与它周围的空间发生着各种各样的关系。由两个单一空间组合而成的空间称为二元空间。一般来说，二元空间之间的基本关系主要有包容、邻接、相离、穿插等。

1. 包容

空间之间的包容关系是指两个空间中有一个空间包含着另一个空间。呈现出包容关系的两个空间的体量必须有较为明显的差别，小空间可视为大空间中的一个点。包容关系中的大空间与小空间可以各自独立也可以彼此连续贯通，大空间可以看作是小空间的背景，小空间可以看作是大空间的子空间，两个空间较容易产生视觉和空间上的连续性。

2. 邻接

空间之间的邻接关系是指两个及两个以上的空间相邻接触。这种空间关系允许各个空间根据各自功能或象征意图的需要，清晰地划定各自空间的范围。邻接空间之间关系的建立可借助分隔面的帮助来实现。这个分隔面可以是横向的、纵向的或斜向的。

分隔面有不同的形式，使得具有邻接关系的空间氛围各不相同。有些分隔面可使整体空间层次丰富，有些分隔面可使空间之间的渗透性良好。

若以实体为主的面进行分隔，通过控制分隔面上孔洞的大小，可使两个邻接空间在视觉和空间上具有一定的连续性，呈邻接的状态，并且各自空间具有较好的独立性。若以垂直线要素进行分隔，则可使两个邻接的空间具有更大程度的视觉和空间上的连续性。当然，两个邻接空间之间的通透程度与垂直线要素的形态、数量、位置有着密切的关系。两个空间的邻接不一定要存在分隔的实体面，也可以通过两个空间之间的高程或空间界面表面处理的变化来暗示两个空间的邻接关系。

3. 相离

空间之间的相离关系是指两个空间相互呈一定角度独立，彼此分开或背离。两个空间之间看似没有直接的联系，却正是因为两者的分离和空间形式上的相对而表现出一种冲突和紧张的状态，呈现一种对峙的局面。

这种空间处理手法多用在一些纪念性的、有特殊用途的建筑设计中，用来表达情感和观念上的分歧或是某种特殊的含义。

4. 穿插

空间之间的穿插关系是指两个空间有部分叠加或相交。当几何形式不同或方位不同的两种空间形式，彼此的边界互相碰撞和相互贯穿的时候，每个形体将争夺视觉上的优势和主导地位。两个空间之间的穿插关系具有叠加或相交两种状态。

叠加是指当两个空间穿插的部分较大，以至于分辨不出原来各自的空间特征。这时两种空间形式可能失掉它们各自的本性，通过合并到一起而创造出一种新的空间构成形式。相交是指两个空间的一部分重叠形成公共的部分，但两个空间又保持各自的界限和自身的完整性。

在这里，空间之间的衔接成为处理好两个互相穿插的空间的关键，其衔接不能过于生硬，可以通过轮廓、方位、颜色、材质等处理方式来妥善解决。

对于穿插部分的空间可视为两个空间共同拥有的空间来考虑。在进行具体设计时，既可以将其作为两者间的一个过渡空间，又可以将其作为一个重点处理的共享空间（两个空间仍保持各自的形状），也可以将其视为其中一个空间的子空间（这个空间成为主体空间，另外一个空间因缺少一块形体，即视为前述主体空间的附属空间），还可以将其本身视为一个独立的空间（主要起到联系两个空间的作用）。

1.3.3 多元空间

现实生活中人们使用的并经过设计组织的空间，往往不是孤立的单一空间，而是一种基于使用情况的复杂而丰富的空间组合。由三个及三个以上单一空间组合而成的空间称为多元空间。探究多元空间的组合方式对空间设计具有十分重要的意义。

根据不同的功能、体量大小、空间等级的区分、交通路线组织、采光通风和景观视野等设计要求和所处场地等外部条件，多元空间的组合方式多种多样。多元空间的组合方式，从形态生成的角度来看，可以归为以下六类：集中式组合、线式组合、放射式组合、组团式组合、网格式组合和流动式组合。

1. 集中式组合

集中式组合是由一些次要空间和一个占据主导地位的中心空间所构成的空间组合方式。集中式组合具有稳定的向心式构图。

空间的集中式组合方式的中心空间在空间构图上要占据完全的主导地位，在尺度与体量上要足够大，而其周围的次要空间既可以在功能、尺寸上完全相同，形成规则的、对称的总体造型；也可以互不相同，以适应各自的功能和重要性，并满足与周围环境结合的需求，形成不规则的、均衡的总体造型。

2. 线式组合

线式组合是由若干个体量、性质、功能等相近或相同的空间单元，统一组成重复空间的线式序列的一种组合方式。其中的空间单元既可以在内部相互沟通，也可以采用单独的线式空间来联系。

空间的线式组合方式具有运动感、延伸感、增长感等强烈的方向性特征。线式组合方式常常因环境和场地的变化而产生线式变化，既可以是直线形，又可以是折线形、曲线形或圆环形等各种形态。另外，线式组合方式既可以在水平方向延展，也可以在垂直方向或沿地形方向延展。

一般来说，直线形的线式组合会将大的环境分隔为性质相似的两个部分；折线形和曲线形的线式组合会在两侧产生两个不同的外部空间形式，即一个向内的空间和另一个向外的空间；圆环形的线式组合则会产生一个集中向心的收敛空间（也可看作是以院落为中心的集中式组合）。

3. 放射式组合

放射式组合是一种由一个主导的中心空间和一系列向外放射扩展的线式组合空间所构成的空间组合方式。它兼具了集中式组合和线式组合的特点，具有良好的发散性和延展性，同时又不失中心空间。

空间的放射式组合方式的核心是一个具有象征性和功能性并在视觉上占主导地位的空间，而其辐射出的各个部分，一般具有线式组合空间的特征，它们既可以是功能、大小、形状等相同或相似的空间，也可以是各不相同的空间。

4. 组团式组合

组团式组合是一种将若干个空间单元互相紧密连接，但没有明显的主从关系的空间组合方式。

空间的组团式组合方式拥有足够的灵活性和自由度，可以随时增加或减少其中某些空间单元而不会影响其整体特点。通常可通过一些视觉上的手段（如对称、均衡等）共同构成一个大的空间组团，并在有序的整体环境中保持着空间单元适度的多样性。

组团式组合可以由彼此接近且具有相似的视觉属性的形体组合而成（这些形体在视觉上既可以排成一个相互连贯、无等级的组合），也可以由彼此视觉属性不相同的形体组合而成（这时应注意彼此之间的相互关系，空间秩序应避免凌乱）。

5. 网格式组合

网格式组合是一种通过三维网格来确定所有空间的关系和位置的空间组合方式。

空间的网格式组合方式具有极强的规则性，网格可以是正方形、三角形、六边形或其他形状，局部网格也可以发生变化。

网格式组合的空间单元系列具有理性的秩序感和内在的联系，网格的存在有助于在视觉上产生整体的统一感和节奏感。

6. 流动式组合

流动式组合是一种通过灵活的划分来分隔和组织空间，使得众多空间重叠、共享、穿插（室内各部分之间、室内及室外空间之间连绵不断地相互贯穿，既分隔又联系）的空间组合方式。

流动式组合的空间交接部分界限模糊不清，各空间之间既分又合，以达到视觉上的丰富变化和功能上的模糊性、多义性。

本 章 小 结

本章主要讲述空间生成的基本要素和心理感受，空间的形式与尺度，空间的组合和表达。本章的重点是空间的尺度、建筑空间的组合和建筑空间的表达方式。

思 考 题

1. 运用点、线、面元素在 20cm×20cm×20cm 的空间内进行设计，并观察空间的变化。

2. 运用底界面和垂直界面创造一个多层次空间。

3. 运用底界面、顶界面和垂直界面创造一个具有流动性的空间。

4. 测量身边的各种家具（如桌、椅、床等）及建筑构件（如台阶、楼梯、栏杆等）的尺寸，认识人体尺度。

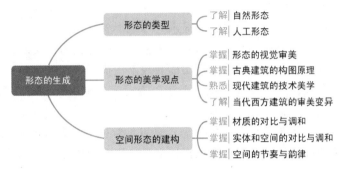

第2章
形态的生成

思维导图

形态的类型 ──┬── 了解 | 自然形态
　　　　　　└── 了解 | 人工形态

形态的生成 ──┬── 形态的类型

　　　　　　├── 形态的美学观点 ──┬── 掌握 | 形态的视觉审美
　　　　　　│　　　　　　　　　　├── 掌握 | 古典建筑的构图原理
　　　　　　│　　　　　　　　　　├── 熟悉 | 现代建筑的技术美学
　　　　　　│　　　　　　　　　　└── 了解 | 当代西方建筑的审美变异
　　　　　　│
　　　　　　└── 空间形态的建构 ──┬── 掌握 | 材质的对比与调和
　　　　　　　　　　　　　　　　　├── 掌握 | 实体和空间的对比与调和
　　　　　　　　　　　　　　　　　└── 掌握 | 空间的节奏与韵律

2.1　形态的类型

形态按形成规律可以分为自然形态和人工形态两类（图 2.1）。

(a) 自然形态

(b) 人工形态

图 2.1　自然形态和人工形态

（资料来源：常悦）

自然形态和
人工形态

2.1.1　自然形态

自然形态是不以人的意志为转移的一切可视或可触摸的形态，是自然界已

13

自然形态

存在的物质形态。"自然"包含宇宙间全部的现象和形态。自然学家把它解释为一种时间和空间现象所共同组成的完整体系，而自然形态就是在这种体系下所产生的一切可视或者可触的现象和形态。自然形态包括自然有机形态、自然无机形态两种具体的形态。自然有机形态指接受自然法则支配或适应自然法则而生存的形态，也就是富有生长机能的形态。自然无机形态指原来就存在于世界，但不继续生长、演进的形态，也就是不再具有生长机能的形态。

2.1.2　人工形态

人工形态是指人类有意识地从事视觉要素之间的组合或者构成等活动所产生的形态，是人们将意识进行物化的形态。

就形态的外形而言，人工形态可以归纳为具象形态与抽象形态两类。

（1）具象形态是指以模仿客观事物而显示其客观形象及意义的形态，其形态与存在的实际形态相似。具象形态按其造型手法与表现风格的不同可分为写实的具象形态与变形的具象形态。写实的具象形态是指以完全写实的表现手法描写客观事物的真实面貌；变形的具象形态是指运用夸张、简洁或规则化的手法，表现客观事物在主观感觉中的特殊表象，但仍需维持客观辨认的真实面貌。

（2）抽象形态是不具有客观意义的形态，是以纯粹的几何观念提升客观意义的形态，观者无法辨认原始的形象及意义。它是根据造型者的概念而创作的观念符号，并不是模仿现实。

抽象形态也因造型者自身理性与感性成分的不同而分为理性的抽象形态和非理性的抽象形态两种。理性的抽象形态是指冷静和理性的美学表现，专注于纯粹结构知性的追求；而非理性的抽象形态是属于感觉和情绪的造型表现，强调纯粹性的挥洒。理性的抽象形态富有明确、严整的效果，但处理不当会给人单调、呆板的感觉；而非理性的抽象形态虽富有灵活、轻松的效果，但处理不当会给人凌乱的感觉。

2.2　形态的美学观点

2.2.1　形态的视觉审美

天安门广场
建筑布局

美感是审美主体（人）与审美对象之间发生感应的结果。立体构成的发展，对空间艺术的发展起到了很大的作用，给当代设计领域的创造带来了广阔的天地。当代不少艺术大师将空间形态美的立体构成看成是一种人类积极自发的、天才的创造性活动。空间形态的艺术是人类文明的产物，研究空间形态视觉审美，加强对各种形态的理论分析，从而为设计开创更广阔的思路，是立体构成的主要意义。

从古希腊、古罗马到近代社会，历史跨越了两千多年，尽管随着社会的发展，建筑的形式和风格发生了多种多样的变化，但人们的审美观念却没有太大的变化，一直遵循着形式美的基本规律。

在人类的审美活动中，同时存在着两种互相矛盾的审美追求——变化和统一，这两者相辅相成，缺一不可。变化会使人兴奋，具有刺激性。对变化的欣赏反映了人的机体内部对运动、发展的需要。统一具有平衡、稳定、自在之感，对统一的欣赏反映了人对舒适、宁静的需要。

由于变化和统一反映了生命的存在和发展的形态，因而很容易与人类普遍的审美感觉产生共鸣。建筑形式的审美判断同样适用于变化和统一这一普遍规律。古今中外的建筑，尽管在形式处理方面有极大的差异，但凡优秀作品，必然都遵循这一共同的准则——变化和统一，因而变化和统一堪称形式美的总规律。至于主从、对比、韵律、比例、尺度、均衡等都不过是变化和统一在某一方面的体现，如果孤立地看，它们本身都不能当作形式美的规律。

变化和统一，即在统一中求变化，在变化中求统一，或者寓杂多于整体之中。任何造型艺术都具有若干不同的组成部分，这些部分之间既有区别，又有内在的联系，需要把这些部分按照变化和统一的规律，有机地组合成一个整体。就各部分的差别，可以看出多样性与变化；就各部分之间的联系，可以看出和谐与统一。既有变化，又有统一，这就是一切艺术品，特别是造型艺术品必须具备的设计原则。反之，如果一件艺术品缺乏多样性与变化，则必然流于单调；如果缺乏和谐与统一，则势必显得杂乱，而单调、杂乱是绝对不能构成美的形式的。由此可见，一件造型艺术品要想唤起人们的美感，既不能没有变化，又不能没有统一。

1. 平衡

平衡是指如何处理各造型要素，使它们在相互调节下产生的一种安定现象；或者说，造型要素的形、色、质，以及有关位置、空间、量感、重力、动力、方向、引力，甚至错觉、错视等因素的运作，在整体构成形式上给人不偏不倚的稳定感受，即平衡。平衡有量的平衡（对称）和心理平衡（均衡）两种。

（1）量的平衡（对称）。

量的平衡表现为对称，它是由视觉横线或竖线从形态的中间分割成两等份，形或量完全相等所形成的安定现象。它包括左右对称与辐射对称两种基本形式：左右对称是以一个轴为中心，在轴的两边相对应位置的形态必须完全相同，它是安静而静态的；辐射对称是以一点为中心，在点的四周的形态依据一定的角度做放射状的回转排列，它的安定中蕴含着动感。对称给人庄重、严肃、条理、大方、稳定、舒适的完美感觉。

（2）心理平衡（均衡）。

今天，人们对于对称的理解有了新的认识，认为对称形式虽然完美，但过分的对称太过理想化，会令人感到单调乏味，于是就有了心理平衡之说，即均衡。在物理学上，均衡的定义就是以支点为重心，保持异形各方力学平衡的形式。在人的心理感受与视知觉作用下，立体构成中的均衡往往体现为空间形态经过切分组合后获得的力学上的平衡。均衡力图打破呆板局面，追求一种活泼、轻快且富于动感的美。恰当地处理好造型元素的虚与实、大与小、表与里、色彩的组合关系及其他要素的构成，是获得均衡效果的关键。在立体构成中，当一边的量大于另一边的量时，可在量大的一边采用小形态，在量小的一边采用大形态的方式来处理；也可采用量大的一边离支点近，量小的一边离支点远来调整；还可通过量大则色彩明度高，量小则色彩明度低的方式来处理。

对称与均衡虽然是一对近义词，都表现为平衡感，但表现形式却完全不同，产生的心理作用也大不一样。在现代设计中，设计师往往会有意识地打破常规的对称，而采用均衡的方式以使造型或空间的设计产生活泼、轻松且富有变化的平衡感，如旗袍门襟设计、发型设计、绘画中的构图变化等。

2. 对比与调和

对比是指立体造型中构成要素之间的各种关系采用极不相同的配置时，产生的对抗性的因素，能使形态的个性鲜明。调和是与对比相反的概念，指在立体造型中强调其构成要素共同性的因素，能使对比的双方减弱差异并趋于协调。

对比与调和的法则，在自然界和人类社会中广泛地存在着。有对比，才有不同形态的鲜明形象；有调和，才有某种相同特征的类别。在立体构成的造型设计中，对比是取得变化的一种重要手段，可使形态生动、活泼，个性鲜明，产生强烈的视觉冲击力和表现力，而调和又使对比的双方有着过渡、中和的协调作用，使双方彼此接近，产生强烈的单纯感和统一感。只有对比没有调和，形态就显得杂乱；只有调和没有对比，形态则会显得呆滞、平淡无味。创造形态时要根据不同情况，或突出对比或强调调和：突出对比时，要注意到它的调和；强调调和时，又要加以少量的对比，使之形成对比统一的关系。

2.2.2　古典建筑的构图原理

西方建筑的美学思想历史悠久，一直可以追溯到古代的希腊。亚里士多德在他的《诗学》中比较系统地阐述了形式美的法则，即多样统一。他认为美的东西应该是一个有机的整体，主要形式是秩序、均衡和明确，提出了"美的统一论"。毕达哥拉斯所领导的学派提出了著名的"黄金分割比"，他认为数量是万物的本源，万物按照一定的数量比例而构成和谐的秩序，强调美是和谐的思想。

文艺复兴时期的建筑师认为美表现为一定几何形状或比例的匀称，更有甚者认为建筑是一种形式美。这一时期比较著名的建筑师阿尔伯蒂曾说：美就是各部分的和谐，不论是什么主题，各部分都应当按照一定的比例关系协调起来，形成和谐的统一体。安德烈亚·帕拉第奥也认为美产生于形式，产生于整体和部分之间的协调。

17世纪的古典主义把这种形式美的法则推向了极端。美学家将欧几里得几何学标本的理性演绎法引入美学和文艺领域，强调任何艺术的理性准绳。在这种观念的影响下，建筑艺术也被推向极端理性，反对个性与情感要素，并认为建筑美在于纯粹的几何形状和数学的比例关系，建筑自身强调整体与局部、局部与局部之间的严谨的逻辑性。

关于古典建筑的构图原理和形式美的零散论述最终被拉普森收集、梳理和总结，并于1924年整理出版了《建筑构图原理》一书。

2.2.3　现代建筑的技术美学

工业革命以后，欧洲进入了工业化时代，生产方式和生活方式都发生了巨大的变化，建筑的功能变得越来越复杂，建筑类型变得越来越丰富，简单的古典建筑空间形式已经远远不能满足新的需求，建筑界的革命迫在眉睫，新建筑运动应运而生。

新建筑运动强调建筑功能的重要性，采用铸铁、钢筋混凝土和钢等新材料使建筑物的内外形式、结构体系都发生了彻底的变化，人们的审美观念也随之转变，出现了技术美学。

技术美学的主要特点在于它重视艺术构思过程的逻辑性，注意形式生成的依据和合理性，追求建造上的经济性及建筑形式和风格的普遍适应性。在这一时期，建筑师将建筑设计与工业产品设计相等同，"形式服从于功能""房屋是住人的机器"等口号都是基于这种思想提出的。

技术美学影响下的现代建筑对古典建筑形式彻底否定，但对于所持的形式美的基本原则却没有改变。正是基于这一点，我们将"形式美的规律"当作一种比较稳定的、具有普遍意义的法则来对待，并且用它来解释古今中外的各种建筑。

2.2.4 当代西方建筑的审美变异

跳舞的房子

进入 20 世纪 60 年代，西方发达国家开始由工业社会向信息社会，也就是向后工业社会过渡，人们的审美观发生了重大的转折。这次转折超出了演变和发展的范畴，背离了变化和统一的传统美学法则，而追求含混和多义，推崇偶然性与个性，关注怪诞与幽默，直至追求残破、扭曲、畸变等一系列与传统美学不相容的审美范畴，我们称之为"当代西方建筑的审美变异"。

1. 追求含混和多义

追求含混和多义是当代西方建筑审美变异的一个基本特征。基于理性主义的传统美学和技术美学都把清晰的含义、明确的主题视为艺术作品的第一生命，强调含义表达的明晰性，反对模棱两可和暧昧等审美倾向。然而，这一美学法则目前正面临着严峻的挑战。当今西方后现代建筑思潮认为，过分强调建筑形式的纯净和含义表达的明晰，将会产生排斥性的审美态度——排斥俚俗、装饰、幽默和象征性等手法在建筑中的运用，从而使理性与情感、功能与形式处于完全对立的状态。如果全然缺乏模糊性，结果会导致情感的疏离。因此，当代一些建筑师极力反对清晰、精确的空间组合与形体构成关系，而强调"双重译码"；反对非此即彼，而倡导亦此亦彼或非此非彼；反对排他性，而强调兼容性，以期用含混多元的信息构成创造多义性的建筑形象，来满足不同层次的审美交流，使作品随审美主体的文化背景不同，而产生异彩纷呈的审美效果。在当今西方流行的后现代建筑思潮中，虚构、讽喻、拼贴、象征性等都是建筑师惯常使用的手法，并借空间构成的模糊性、主题的歧义性、时空线索构成的随机性，而使作品呈现出游离不定的信息含义。

2. 推崇偶然性与个性

推崇偶然性与个性是当代西方建筑审美变异的又一特征。在西方传统理性主义哲学中，宇宙万物被看作是一个井然有序的整体，各事物都置于某种必然性的制约之中，因而在强调必然性、普遍性和逻辑性的同时，必然要否定特殊性、多样性和偶然性。当代哲学思想认为这种哲学观点很容易产生机械性和排他性，排斥有序中的无序、必然中的偶然，否异而求同等僵化的思维模式。正是在这种思维模式的影响下，传统的理性主义艺术家将追求永恒的美的本体、建立普遍适用的美学法则、寻求艺术的本质规律等,作为美学研究的基本目的。

与古典美学相类似,重普遍轻特殊、重共性轻个性也是技术美学的一个重要原则。早在 20 世纪初,现代建筑大师就试图建立普遍适用的美学法则,他们认为普遍的标准和样式的广泛采用是文明的标志,从而努力寻求"通用"的艺术语言,而"控制线""人体模数""数理原则"等就被他们作为普遍适用的美学法则。在这种观念的指导下,净化表面、反对装饰则被视为一种行之有效的艺术手法。此外,直线、直角构图及通用构件也被推崇备至。因此"少即是多"就自然而然地成了至高无上的艺术典范。

时至今日,随着审美观念的改变,机械、刻板、僵硬的美学法则受到尖锐的批评。一些人抛弃统一的价值标准,代之以轻柔、灵活、多元的美学观念,兼容而非排斥的审美态度,发散而非线性的思维模式,表现出价值观的多元取向。一些建筑师公然否定创作思维的逻辑性,极力推崇偶然性和随机性,并认为美的本质存在着主观随意性。就像昔日人们认定和谐统一是完美的古典美学法则一样,人们同样可以认定别的什么东西也是美的,从而可以随意撷取各种历史形态作为建筑的象征符号。在追求个性化的倾向中,当代一些建筑师由表现建筑功能所赋予的形式转变为抒发个人情感,即从客观向主观转化,从而使创作越来越带有主观随意性。

当今,建筑师的主体意识不断觉醒。某些先锋派建筑师把现代建筑大师的美好愿望说成是"乌托邦"式的幻想,他们极力强调建筑师的自身价值,甚至把建筑作品视作个性表达的工具。因此,他们的建筑设计打破了从功能出发的单一模式,而在创作中一味强调偶然性和随机性,玩弄形式游戏,通过夸张、变形、倒置等手法,在对立冲突中追求暧昧、变幻不定、猜测、联想等审美情趣,致使建筑创作脱离实际而成为建筑师的自我表现和情感宣泄。

3. 关注怪诞与幽默

古典美学和技术美学都专注于崇高、典雅与纯洁之美,极力迎合上流社会的审美情趣。但是在当代西方后现代主义建筑思潮中,以解构主义为代表的建筑师却极力扩展怪诞、幽默等适合大众口味的审美需求,同时还极力开拓丑陋、怪诞、破落等否定性的审美范畴,这可以说是对千百年来所确定的正统美学观念的反叛。在当代某些先锋派建筑作品中,人们看到的并非完美的形象、优雅的情趣、近人的尺度与和谐的气氛,而是被奇异、费解和令人失望的感觉所左右,从那里所得到的不是美的愉悦,而是幽默、嘲弄乃至滑稽的感觉。这一切似乎都表明:人们已经抛弃了对完美与典雅的追求,转而关注怪诞与幽默。

20 世纪 70 年代以来,西方艺术又以怪诞与幽默作为创作的题材和手段,如给维纳斯穿上比基尼泳装,给达·芬奇的名画《蒙娜丽莎》添上胡须等,凡此种种都不可避免地会影响到建筑创作。在这方面,詹姆斯·韦恩斯可谓独树一帜,其创立的 SITE 设计事务所设计了一系列坍塌、败落的建筑形象,如该事务所于 1972 年的第一个项目是为当时美国最大的邮购零售商 BEST 公司设计 BEST 展厅(图 2.2),从"反建筑"的概念出发,设计出建筑主立面呈坍塌破碎的怪诞效果,以期用大胆而荒诞的幽默感来嘲弄现代建筑一副冷若冰霜的刻板面孔。在这一潮流中,一些日本建筑师也自有其特色,采用许多荒诞不经的艺术语言去创造非同一般的建筑形象。

图 2.2　美国休斯敦的 BEST 展厅

（资料来源：https://failedarchitecture.com/the-ironic-loss-of-the-postmodern-best-store-facades/）

正是由于"丑"与"怪"作为"美"的对立面，千百年来总是处于被支配、非主流地位，于是解构主义建筑师就试图对这种关系加以颠倒，并把它作为建筑表现的重要因素。因此，他们便表现出一种以丑取代美、以怪诞取代崇高的倾向。

4. 追求残破、扭曲、畸变等审美范畴

后现代主义建筑师有时对有缺陷、未完成之美表现出特殊的兴趣。弗兰克·盖里说：我感兴趣于完成的作品，我也感兴趣作品看上去未完成，我喜欢草图性、试验性和混乱性，一种正在进行的样子，而不是大功告成。他的住宅就是一个不完美、未完成的建筑宣言——入口处设置有像临时用的木栅栏、缺乏安全感的波形铁板、仿佛被人踩塌了似的前门、好像随时会从屋顶上滚落下来的箱体……，这一切都造成了一种不完美、残缺的形象。

也有一些建筑师追求所谓"东方式的完美性"，认为完整并不完美，而在建筑中表达和追求"大圆若缺"的审美意象。更有一些建筑师极力推崇"混乱"与散离状态的关系，他们认为商业繁荣和经济波动必然会导致城市的视觉混乱，这是信息社会中独有的现象，也是城市有生命力的表现。因此他们把现代科学中的混沌理论引进建筑创作领域，表现出对离散状态和带生活特点的波动系统的极大兴趣。同时他们还认为建筑规范和高技术的秩序的混乱、掺和，是通过宏观上的随意性噪声来平衡的，而这种混乱的美是墨守成规的人看不到的。

事实上，在今天被称为解构主义建筑师的审美观念中，强调冲突、破碎的意向尤其明显，在他们的作品中，经常出现支离破碎和残缺不全的建筑形象。残破、扭曲、畸变、错位、散逸、重构等，在他们的作品中屡见不鲜，甚至成为不可缺少的标志。因此，查尔斯·詹克斯在《新现代主义》一文中把强调混乱与随机性、注意现代技术与机器式的碰撞拼接、否定和谐统一、追求破碎与分裂等倾向，都看作是"新现代主义"的突出标志。

冲突、残破、怪诞等反和谐的审美范畴用非理性、违反逻辑的扭曲变形、结构解体、时空倒错的手段，向传统美学法则挑战，并借以创造为传统美学法则所无法认同的作品。在这些作品中，寻常的逻辑沉默了，理性的终极解释与判断失效了，出现的则是从未谋面

的、陌生化的审美境地。

如果说技术美学强调的是主体与客体、功能与形式、合目的性与合逻辑性的契合与统一，那么当代西方建筑审美的变异则恰恰与之相反，它所表现的是主体与客体、功能与形式、合目的性与合逻辑性的冲突与离异。

2.3 空间形态的建构

2.3.1 材质的对比与调和

材料是立体构成的物质基础，各种材料都具有各不相同的外观特征和手感，体现出不同的材质美。在统一的立体形态中，使用不同的材料可构成材质的对比。材质的对比虽然不会改变造型的形态变化，但具有较强的感染力，如木材的朴实自然、钢材的坚硬沉重、布的温馨舒适、铝的轻快华丽等，能使人产生丰富的心理感受。立体构成中利用材质对比的情况很多，如各种不同肌理表面材料的对比、硬材与软材的对比、透明材料与不透明材料的对比、固体材料与液体材料的对比、新材料与旧材料的对比等。而当各种各样质地相近的材料组合在一起时，它们就呈现出调和关系。我们要根据构成的不同内容和要求，来决定是加强材质的对比关系还是加强材质的调和关系。

2.3.2 实体和空间的对比与调和

前面讲过实体和空间是互补的。实体依存于空间之中，而空间若没有实体作为标识，也就不可能觉察到它的存在。在立体构成中，实体是指封闭的立体形态，如球体、立方体等。实体能影响空间，给人带来不同的空间情绪。著名雕塑家亨利·摩尔认为：实体和空间是不可分割的连续体，它们在一起反映了空间是一个可塑造的物质元素。如果说人类建造房屋是为了让身体在里面歇息，那么人类创造立体艺术则是为了让精神在其中永存。因此，处理好实体和空间的对比与调和，才能使人类的精神得以更完美的留存。实体和空间的对比与调和，主要从凹与凸、正与负、虚与实方面去表现，这一点亨利·摩尔的作品表现得很充分，他非常注意实体和空间的对比与调和的关系，注意突出部分的空间扩展与凹陷部分的空间接纳。

2.3.3 空间的节奏与韵律

上海复星艺术中心

节奏与韵律是音乐术语。

（1）节奏。节奏本身指音乐中音响节拍轻重缓急的变化和重复。节奏这一具有时间感的用语，在建筑造型的研究中是指建筑形式要素有规律地重复运用或者有规则地排列。在视觉欣赏过程中，节奏能使观者的视线有间歇地连续进行。这正是产生视觉美感的生理基础。

（2）韵律。韵律原指诗歌的声韵和节奏。诗歌中音的高低、轻重、长短的组合，匀称的间歇和停顿，相同音色的反复，以及句末、行末利用同韵同调的音加强诗歌的音乐性和节奏感，就是韵律的作用。建筑中的一些原型母题要素组合重复容易单调，由有规则变化的形象以数比、等比处理排列，能够产生音乐、诗歌的韵律感。有韵律感的建筑形象具有条理性、重复性和连续性的审美特征。在建筑中，常用的韵律手法有连续的韵律、渐变的韵律、起伏的韵律和交错的韵律几种类型。

本 章 小 结

建筑设计的本质是对于空间形态的塑造，本章主要介绍了空间形态的概念和特征，具体讲述了建筑设计的基本要素、建筑设计语汇及建筑设计中的美学观点。在空间形态演化的过程中，人类的审美标准随艺术及技术的发展而产生变化，认识及了解其规律将有助于日后的专业学习。

思 考 题

1. 观察并概括1～2个空间形态的生成方式，分析其设计特点。

2. 从功能、技术和艺术的角度谈谈你对贝聿铭设计的苏州博物馆的看法。

3. 分别从古罗马时期、哥特时期和文艺复兴时期选择一个建筑，运用古典建筑的构图原理进行分析。

4. 谈谈你对当代西方建筑的审美变异的看法。

第3章
空间建构设计

思维导图

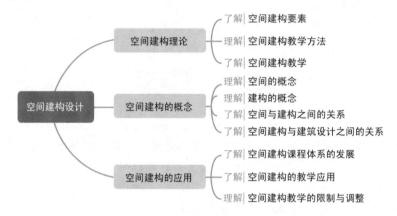

空间建构设计

空间建构理论 —— 了解｜空间建构要素
—— 理解｜空间建构教学方法
—— 了解｜空间建构教学

空间建构的概念 —— 理解｜空间的概念
—— 理解｜建构的概念
—— 了解｜空间与建构之间的关系
—— 了解｜空间建构与建筑设计之间的关系

空间建构的应用 —— 了解｜空间建构课程体系的发展
—— 了解｜空间建构的教学应用
—— 理解｜空间建构教学的限制与调整

3.1 空间建构理论

空间建构是顾大庆教授所提出的一种建筑学基础的教学方法。顾大庆教授在其与柏庭卫所著的《空间、建构与设计》一书中，首先界定了"建构"的意义。他认为在一些情况下，建构等同于建造技术或者重力和结构力的表达，但是在另外的一些情况下，建构等同于抽象造型。在教学过程中，顾大庆教授偏向于用较为直接的方式，即对于建筑设计活动的基本观察和再思考，来寻求关于"构建"的独特视角，具体的方式为：通过观察材料如何形成空间，使得空间可以被感知。因此，当我们探讨空间建构的理论基础，探讨究竟何为空间建构时，我们可以理解为：如果把建筑设计的本质理解为通过建造过程用材料来塑造空间，那么，建构就是有关空间和建造的表达。我们思考并投入实践的空间建构，实际上是在寻找塑造空间的手段和所生成的空间特性之间的内在联系。

3.1.1 空间建构要素

在顾大庆教授教学研究的过程中，提到的空间建构要素为三种极端纯粹的要素，即体块、板片和杆件（图3.1），这三种不同要素生成与之相对应的空间。体块内部的空间及体块之间是一种互补的关系，其空间具有明确的边界性；板片界定出若干相互重叠的空间关系，空间的定位具有模棱两可的特点；杆件在一个空间内做疏密或间隔的区分，用以调节空间密度。也就是说，体块的空间是在其内，板片的空间是在其间，杆件则是在空间之中。

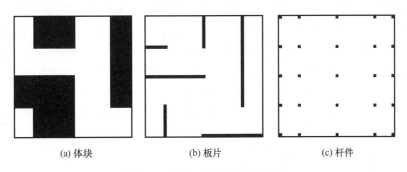

(a) 体块　　　　　　(b) 板片　　　　　　(c) 杆件

图 3.1　体块、板片和杆件要素

（资料来源：顾大庆，柏庭卫. 空间、建构与设计 ［M］. 北京：中国建筑工业出版社，2011）

3.1.2　空间建构教学方法

以下为顾大庆教授所提出的空间建构教学方法。

（1）概念——操作与观察。这部分的教学方法是用体块、板片和杆件其中之一的要素探讨生成空间的可能性，不同的材料有不同的操作方式，体块可以用掏空、切割和位移等方法，板片可以用围合或折叠等方法，杆件可以用密度的变化或直接塑造框架或围栏等方法。通过材料塑造空间，可以将学生带入真实空间，从而实现观察与理解。

（2）抽象——组织与体验。这部分的教学方法是将体块定义为"勾勒空间"，板片定义为"模棱两可空间"，杆件则定义为"调节空间"。由于学生在设计初期，往往倾向于杂乱和盲目，其工作手法很容易趋近于"创造复杂"。解决的方法是让学生区分出自己在设计中所运用的操作手法，再从中选取一种主要方法，作为进一步发展的基础。但是这种简化，绝不是追求单调。良好的操作可以产生丰富的空间，这主要取决于空间序列的对比和变化。

（3）材料——区分与诠释。用两至三种模型材料重新制作模型，从而探讨材料因素的介入所引起的表达建筑体的可能性。新材料的加入，意味着在原先的秩序基础之上建立新的要素和空间之间的秩序。一般来讲，主要考虑模型材料的三个特征：材料肌理（不同材料之间的肌理会形成纹理或光泽的对比，如木、石、金属）、材料色彩和明暗、材料透明性。这几种材料特征的对比，会强化设计的特性，实现方案的多种可能性。

（4）建造——构思与实现。这是几乎所有学生都会遇到的问题：如何将构思形式转换成建造形式。方案初期阶段，学生在头脑中和计算机中会产生相应的想法，这些想法普遍都比较理想，并未将真实的材料性能结合思考。香港中文大学的空间建构教学团队，在教学过程中引入了照相拼贴的练习，即通过一个透视和立面局部的拼贴练习，来研究从抽象材质到建造材料转换的可能性，并在此基础上制造一个局部模型来探讨建造与建构表达的问题。这里要强调的是，应将研究重点放在建构表达方面，而不是建造技术方面。

3.1.3　空间建构教学

将空间建构设计设置到一年级学生的基础教学中，这一课程设置在国内各大建筑类高校已然铺设开来。该课程设置最主要的理由是以往的建筑学基础教学往往偏重于基础理论和基本技法，这种教学模式往往会导致学生偏重于强调构图技巧和表现技法的学习，而忽视空间观念的形成和建筑理念的树立。以往学生只是从建筑平面、立面、剖面图纸中想象空间，从节点放大图中推测构造，从材料原理课程中了解建筑材料，从一个个具体的设计方案中寻找自己的方向。事实上，这种抽象的学习模式难以培养出全面且出色的建筑学人才。

3.2　空间建构的概念

3.2.1　空间的概念

"三十辐共一毂，当其无，有车之用。埏埴以为器，当其无，有器之用。凿户牖以为室，当其无，有室之用。故有之以为利，无之以为用。"

——老子《道德经》

"空间"一词，在《辞海》中的解释是"物质存在的一种形式，是物质存在的广延性和伸张性的表现……空间是无限和有限的统一，就宇宙而言，空间是无限的，无边无际，就具体的个别事物而言，空间是有限的……"。在物理学中，空间被定义为物质实体的延伸或相互毗邻的领域。除此之外，物质之间的相互影响也决定了它们之间的空间。在心理学中，空间的感知只有知觉到实物的存在才能产生。

空间与实体相对存在，是由一个物体同感受它的人之间产生的相互关系。这一相互关系与视觉、听觉、嗅觉、触觉等都有关。在我们的生活中，空间持续不断地将我们包围。通过空间的容积效应，我们在其中活动，发挥我们的视觉、听觉、嗅觉、触觉等来感知空间。空间虽然无法触及，却也如同木材、石材一样，是一种实实在在的物质。然而，正如我们所看到的，空间也是一种不定形的存在。它的视觉形式、维度和尺度、光线特征等，所有这些特点都依赖于我们的感知，也就是说，我们需要通过感知形体要素所限定的空间界限，来感知我们所处的空间。这就是空间的概念。根据风、雨、日照等条件的变化，空间带给人的印象也会大不相同。

空间对于建筑而言，正是其最重要的特性。建筑正是经过人为手段围合或限定的一个区域，这个区域就是一个被包围的空间。每一个建筑物都具备两种类型的空间：内部空间和外部空间。内部空间是建筑物的使用部分；外部空间也被称为城市空间，由建筑物及其周围的事物所构成。

3.2.2　建构的概念

"即使没有人喜欢长时间地沉思'我们如何建造'，至少人们应该很清楚这个命题是重要的。建造影响着我们。我们对物理性的建造行为和空间状态的敏感性——就像人们对数学概念和音乐的敏感性一样——是独特的，并且不能通过从其他艺术领域的借用或转译来获得……我们建造的一切都成为我们所描绘和配置的空间的意义的一部分。否则的话，我们就会仅仅满足于'表现性'的空间，尽管表现性艺术是一门博大的艺术，但我们知道它并不包含建筑最本质的东西。"

——卡雷斯·瓦洪拉特

"建构"一词第一次作为建筑术语被提及和应用，可以追溯到 1830 年德国出版的《艺术考古学手册》之中，作者是卡尔·奥特弗里德·穆勒。他将这一概念做了比较复杂的解释，但提及"建构"这一概念的最高层次正是建筑。建构的概念随着卡尔·波提舍和戈德弗里德·散帕尔的著作得以传播。在他们的著作中，"建构"这个词不仅表示对结构和材料的重视，也表示诗意的建造。

19 世纪后期，由于商品文化的兴起，将建筑物简化为场景图像的手法，成为当时的主导趋势，比较具有代表性的事件是罗伯特·文丘里的关于"装饰的棚屋"的主张获得大众广泛的认可与接受。文丘里强调建筑物应该直接服务于它的实用功能和使用性能，而其显示的文化符号及表面装饰可以是另外附加上去的，比如说装饰的正立面或是广告牌。这使建筑物成为一个经过包装的巨大商品，反映的是一个文化堕落的前景。文丘里的主张作为后现代主义的代表思想，体现在他的建筑作品上，如栗子山的母亲住宅。文丘里的思想代表着后现代主义一派建筑师的主张，除后现代主义之外，西方随后产生的复古主义、折中主义建筑思想所表现出的对历史不假思索的模仿和复制，新艺术运动所表现出的极力反对模仿历史，转而模仿自然界生长繁盛的花草树木的形状，以曲线金属构件作为装饰，以及装饰艺术运动所强调的"反对古典的、自然的、单纯手工艺的审美观念，主张现代的机械制作之美"等建筑设计手法所表现出的对形态过于执着的追求，都传递出一种既不基于结构，又不基于构造的盲目武断的设计态度。

肯尼思·弗兰姆普敦在这个背景下写出了《建构文化研究》这一著作，他所探讨的建构观念将建筑视为一种建造的技艺，他向迷恋后现代主义艺术的主流思想提出了有力的挑战，他认为现代建筑不仅与空间和抽象形式息息相关，而且也在同样至关重要的程度上与结构和建造血肉相连。在书中他认为建筑物的本质特征依然是"建构性的"而非"场景性的"，建筑的本质是作为"物"的存在，而不是一个"符号"。总体而言，建筑学中的建构是一个超越先锋主义思想的概念，建构思想意图摆脱历史主义的纠缠和对工具实用主义进步的强迫性追求，进而追求更为现实和真实的建造技艺，这意味着建筑学从形式主义过渡到了现实主义。自此，建构的思想逐步建立起来。

随着弗兰姆普敦的著作《建构文化研究》的问世，"建构"一词成为建筑学界热议的话题。作者提醒现代建筑师们，不要忘记建筑的本质问题是建构，这一观点无论是过去、现在还是将来都是事实。弗兰姆普敦认为建筑学是一种"诗意的建造"，也就是说在追求艺术的过程中，对建筑本质与建造实际的探索至关重要。这也代表着建筑学的另一种评价方式。

3.2.3　空间与建构之间的关系

关于建造及建构的研究，贯穿于建筑的发展史。西方的建筑历史从某种程度上来说，也是一部建造技术的改良史。但正是在空间的概念提出以后,才出现了勒·柯布西耶关于体积、平面和表皮的论述,现代主义建筑运动才开始重视建构这个重要的基本问题。人们明确了一个观点:建构是空间产生的基础,空间是建构行为的目标。空间存在的前提条件正是建构,而空间之中也包含着建构的逻辑。建筑师建构行为的目的不仅仅是形式的表达,更是对空间的创造。建构正是表达空间构成的一种方式。

《建构文化研究》一书中,弗兰姆普敦正是通过审视建构,重新探索构造形式赋予空间的重要意义。作者认为建构虽然是建筑的本质,但是人们不应因为建构而忽视或否认空间的价值。作者还认为:建构首先是且最重要的是构造,只是后来才成为基于体积、平面和表皮的抽象论述。因此在理解建构之前,要明确空间和建构之间的关系。

空间的创造过程不是概念的、抽象的,而是物质的、现实的,故不应把建构和空间作为一对对称概念来理解,两者应该是同时发生的,且在建筑活动中是不可分割的。建构如果满足使用,则会产生舒适的内外空间。然而建构手段一旦没有被正确运用,空间则可能变成建构的负累,而重新走向外在形式和内在空间的分离。建构方式影响着每一个使用空间的质量,合理的建构空间是一种自然的生长,而非刻意的拼凑。建构方式是一个建筑物有形的基础,当有形的基础被无形地使用,真实的空间也就由此形成了。

3.2.4 空间建构与建筑设计之间的关系

建筑设计与艺术设计的本质差异,体现在建筑连接人类的现实生活,它们真实存在,拥有完备的结构和构造形式,也拥有明确的使用功能,而非艺术品一般仅作为象征性的符号。因此,但凡提及建筑,我们很容易会联系到结构单元、建构形式、建筑材料等相关经验。结构单元是建筑形式最基本、最简洁的本质,比如梁柱、拱圈、穹顶等,而建构形式是建立在构造的基础上的,也就是建立在如何实现一个特定的结构的基础上的。我们固然要追求建筑设计的审美价值,然而过分强化建筑的表面形式而弱化建筑的建构逻辑,并不能传递建筑的本质意义。建筑材料、建构形式、结构逻辑等是建筑形式产生的依据和基础,理应被适宜地表达出来。这种表达并不是指对构造机械的、不加修饰的揭示,而是一种对结构富有诗意的表达,建构不仅关注结构部件本身,而且关注结构部件与其所处的整体之间的关系。结构部件的形式在此过程中得到放大及深化设计。通过学习蓬皮杜艺术中心的建筑设计可以看到,高技派建筑师将结构裸露的表现手法,也是一种可供参考的审美取向。

"建构"这个术语在不同的语境中有着不同的解释,在某些情况下建构等同于建造技术或是重力与结构力的表达,在另一些情况下则等同于抽象的造型。从建筑设计的视角来看,对"建构"的研究并不是对建造技术的研究,它的本质是建筑形式的表达问题,是对建筑设计活动的基本观察和再思考。如果把建筑设计的本质理解为通过建造的过程用材料塑造空间的话,那么建构就是有关空间和建造的表达。其研究范畴可以分为四个层面,即概念、抽象、材料、建造,分别对应操作与观察、组织与体验、区分与诠释、构思与实现。

首先是操作与观察。这一过程是建筑设计构思基本概念的重要过程。设计者通过"操作、观察"的具体过程,重复"动手创造—遇到困难—动手改进—遇到困难"这一过程,从中逐渐建立起个人的空间构建概念。

其次是组织与体验。这一过程通过给定某一单一模型,设计一个不以功能为主的构筑物。这一阶段的主要目的是阐释形式与空间的关系，通过形式的变换，观察内部生成空间的变换，通过这一抽象学习过程从而建立起真实的空间意识。

再次是区分与诠释。通过这一过程，设计者可以建立起材料与构筑物之间的关系。材料的主要作用是给不同界定空间的要素做出区分，且不同的材料和色彩会调节对于空间的解读。建造的层面关注于从模型材料到建筑材料的转换。建筑是由建筑材料构建组合而成的，材料构件的拼接所形成的表面图案对于空间的知觉有着重要的作用。

最后是构思与实现。这一过程将所有概念的、抽象的、理论的部分落实到现实。概念或许不切实际，模型或许难以实现，但真实搭建的构筑物务必脚踏实地。如何清晰地保持发展过程中的构建思路，充分实现构建思路的准确表达，合理地将设计方案落于现实，是这一阶段需要解决的主要问题。

总之，一个清晰的空间概念应建立在概念、抽象、材料和建造四个层次之上，在概念的层次构思，在抽象的层次表达，在材料的层次得以加强，并最终在建造的层次得以解决。也就是说，在建构过程中，一方面要紧密围绕目标空间，创造符合需求的特征属性、类型与意境等；另一方面还要通过思考材料的组构特性、独特应用与带来的效果去营造空间，以贯彻要表达的概念。

国内多数建筑设计课程要求学生应熟练掌握制图的基本规范及工程图的绘制方法。在这种要求之下，大学一年级新生往往要进行大量的二维图纸练习。在训练积累的过程中，学生对图纸的艺术表现力会有比较明显的提升，但是这种二维图纸训练对于新生而言，并未有效地帮助其提升三维空间想象能力。传统建筑设计课程从二维平面推出立面和整体造型的设计方式，使得大部分学生的空间组合能力薄弱，空间想象能力不足，从以往学生所做的方案能看出学生的空间思维比较混乱。建构方面，传统建筑设计课程与建筑技术课程的关联性不强，甚至在学科分类中划了一条明确的艺术与技术的分界线。传统建筑设计课程更重视二维形式及平面功能，技术性手段则被当作后期的辅助手段及实现方式，沦为设计的后续步骤。这种教学模式，会导致学生忽略建造技术在建筑设计中的重要价值，割裂设计与建造之间的逻辑关系，削弱学生以空间和建造作为目标的思考习惯。

3.3 空间建构的应用

3.3.1 空间建构课程体系的发展

空间建构课程是香港中文大学顾大庆教授在任教期间提出的一种教学方法。实际上，这种方法的雏形来源于苏黎世联邦理工学院建筑系的基础课程——建筑与建造课程，该课程通过体块、板片和杆件这三个概念，将空间和建造问题有机结合在一起。后经顾大庆教授引入内地，并将这一课程体系的思路传授给内地各大建筑类院校，从而形成全国范围内普遍使用的建筑学基础教学方法。

香港中文大学在引进苏黎世联邦理工学院的课程时，强调两所大学的建构工作室课程无论从目的还是从教学条件而言，都有很大的差异性，因此香港中文大学没办法直接照搬苏黎世联邦理工学院的课程内容和结构，而是在吸收原课程要点的基础上建立了一个新的体系。在引入这套空间建构方法时，我们同样没办法完全照搬。我们应将课程分解与调试，最终形成了一套适应本校教学条件和教学规划的系列课程。

空间建构课程是建筑学及城乡规划专业在进入建筑设计阶段的第一个实体设计课程。在教学内容方面，学生可通过该课程熟悉人体尺度与建筑空间的基本组成，学习对建筑空间的解析，培养建筑设计意识；熟练掌握徒手绘图的方法及图解思维的技巧；了解基本空间组合的方法与特征；通过解析的方法对已有建筑作品进行赏析。经过对该课程的学习，学生可以初步锻炼空间组合能力，培养建筑设计的尺度意识；熟练掌握草图表现的要求与能力；掌握建筑设计的基本过程及所需的基础能力；掌握对材料的性能、材料的连接方式等的基本认知能力；此外，还能培养学生的团队意识和集体协作能力。

3.3.2　空间建构的教学应用

我们将空间建构课程拆分成平面构成、立体构成及实体空间建构训练三个部分，主要思路如下。

第一步，训练学生的二维认知能力。让学生在 200mm×200mm 的平面中进行平面构成设计。学生在训练过程中，可实现在二维空间中认知主次功能的划分，产生平面流线的意识。这部分训练主要针对大学一年级的学生，平面构成的训练可以让学生迅速进入设计状态，快速掌握形式美的审美原则及方案设计的要领。

第二步，训练学生的空间生成意识。这一部分与香港中文大学的教学内容比较接近，学生在体块、板片与杆件 3 种形式的材料中，选取 1～2 种材料形式进行空间组合，空间组合的平面界限为 300mm×300mm，高度不限。学生的空间组合平面来源于平面构成中所形成的平面概念，这一生成过程，实现了从抽象向实体的转化过程。同时，也是从专业基础课过渡到专业核心课，即建筑设计入门的一个重要环节。建筑类型由浅入深的开端，是由二维到三维空间训练的创作设计阶段。这部分训练不仅有助于学生对空间生成的认识，而且有助于学生了解平面逻辑的重要性，强化建筑方案生成的步骤性。

第三步，训练学生的实体空间设计及搭建能力。将学生在立体构成中设计的 1∶10 的立体模型做进一步优化，进而实现 1∶1 的实体空间建构训练。这一训练首先实现了学生将想法转化为现实的理想——每一名建筑学子都期待自己的设计方案落地。其次，训练了学生从模型到实体的转化认知。在 1∶10 的立体模型阶段，学生可以通过各种连接方式实现理想效果，其中不乏用胶水粘接、简单穿插等不稳固的连接方式。当进入 1∶1 的实体空间建构训练环节时，学生会亲身体会到材料的自重和连接带来的困扰，以及结构的布置和计算的重要性。再次，培养了学生的团队合作意识。通常一个方案从设计到搭建，都由小组协作完成，小组一般由 6～8 人组成。在这一过程中，每个组员都有自己的方案，如何决定方案的取舍，从而形成定案，是由教师和组员共同决定的，其中组员的决定权更大。此外，小模型的搭建，计算机模型的构建，方案的平面、立面、剖面图及功能分析图的绘制，材料的计算、切割，材料连接方式的确定，实际的搭建操作等工作均由小组自行完成。这一过程十分复杂，需要组员良好的协作方能顺利完成。这种"真枪实弹"的训练，是教学过程中不可多得的机会，也是学生的学习生涯中难以忘却的记忆。

3.3.3　空间建构教学的限制与调整

空间建构的研究最终是要服务于空间建构的设计工作的，因此，模型制作被视为空间建构最重要的实践成果。模型的制作，自始至终是设计者对模型材料的操作，这与建造的本意（空间建构是通过建造的过程用材料来塑造空间）不谋而合。在模型构思的阶段，如果使用了不同的模型材料，那么最后建造出的模型成果就会完全不同。这一特征，与实际建造过程中将会发生的情况十分吻合。在建筑物的实际建造过程中，建造者采用不同的建筑材料及不同的建造手法，其所建造出的空间也会大不相同。

常用的模型材料随着时代的发展，也在不断发生变化。

（1）早期空间建构设计的模型材料常采用瓦楞纸板或硬纸板等纸质板材。这类材料质地较轻，方便运输；在构造方式上，方便切割和折叠，适合低年级的学生实际操作。然而这类材料本身也存在缺陷：首先，纸质板材不便于长期保存。由于纸质板材的脆性，模型若摆放在室内空间，一段时间后会逐渐弯曲变形；模型若摆放在室外场地，由于无法防风、防雨，因此很容易破损。其次，纸质板材的抗压、抗拉能力都偏弱，若建造1∶1的空间模型，一般难以承载络绎不绝的参观人群。再次，纸质板材的成材尺寸固定，若需要大尺寸的材料，则需要用连接材料拼接，使得模型既无法保持美观，也无法保证坚固。

（2）发展到中期，空间建构设计的模型材料改进为国内各大高校共同认可的PP中空板。这种材料色彩纯净、柔韧性好，比纸质板材的性能优异，可以实现更加复杂、美观、多样的造型需求。但这种材料也存在一定的弊端：只有一个方向可以实现弯曲，另一个方向由同材质的肋均匀排列，无法弯曲或弯折；另外，PP中空板属于脆性材料，难以持久，尤其在寒冷的气候条件下，更是容易脆裂，因此并不经济实用。

（3）经过对各种材料的尝试，我们目前暂时将建构材料锁定为木方材料。木方材料坚固稳定、持久性强，用这种材料搭建的空间可以较长时间保存下来，并能投入实际使用，也符合国家可持续发展的方针政策。然而木方材料也存在一定的劣势：首先，木方材料切割需要专业的工具，学生自己使用工具切割很容易受伤，因此需要联系专业的工作人员帮忙切割，比较耗时、耗力；其次，木方材料的自重较大，前文也提到过，学生在方案生成过程中会有比较理想化的想法，往往容易忽略材料的自重，只考虑造型的需要，这样在方案实际搭建的过程中，就很可能需要临时修改方案，从而影响方案的整体效果。

本 章 小 结

本章主要介绍了空间建构理论的起源和发展，通过分析空间的概念与建构的概念、空间与建构之间的关系及空间建构与建筑设计之间的关系，还原空间建构的概念。最后，从空间建构课程体系的发展、教学应用和教学的限制与调整三个方面，介绍了空间建构的具体应用。

思 考 题

1. 请谈一谈你见过的最有特色的建筑，其内部空间最大的特点是什么？
2. 你认为建筑物代表的究竟是一种文化符号，还是一种建造技艺？
3. 请谈一谈外国建筑史中几个重要的建造技术改良创造及其代表性建筑物。
4. 请结合实例，谈一谈建构与空间之间的关系。

第4章
实体空间建构方法

思维导图

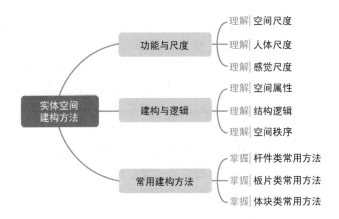

实体空间建构需结合使用需求和空间尺度，按空间生成逻辑和组合类型，应用实际建造材料进行搭建。通过实体空间建构实践，学生可了解和体验建筑的策划、设计、建造、使用和拆除的全过程，培养源于功能和材料的设计创新能力和艺术表现力，以及设计实现的执行力。学生在了解实体空间建构和体验建构乐趣的过程中，可以感知和把握相应的人体尺度、结构体系与形态造型，进而提升整体控制设计过程的能力。为完成这一复杂过程，我们需要结合功能、尺度、结构、材料等方面的内容，学习常用的实体空间构建方法。

4.1 功能与尺度

4.1.1 空间尺度

首先，要明确尺度的概念。尺度与尺寸是两个不同的概念。尺寸是度量单位，如毫米、米等对建筑及各构成要素的度量，是在数值上反映建筑及各构成要素的大小。而尺度是在不同空间范围内，建筑的整体及各构成要素使人产生的感觉，它不仅涉及真实大小和尺寸，而且反映出建筑的整体和局部给人的大小印象与其真实大小之间的关系。

其次，建筑是为人使用的，它的空间尺度必须满足人体活动的要求，既不能使人活动不方便，也不应过大而造成浪费。建筑中的家具、设备的尺寸，踏步、窗台、栏杆的高度，门洞、走廊、楼梯的宽度和高度，也都和人体尺度及人体活动所需的空间尺度有关。所以，人体尺度及人体活动所需的空间尺度是确定建筑空间的基本依据。

最后，人体尺度是建筑尺度的基本参照。根据人体尺度设计的家具及一些建筑构件，是建筑中相对不变的因素，如座椅、栏杆等，也可以作为衡量建筑尺度的参照物。

我们熟悉了尺度的原理，就可以运用它进行建筑设计，使建筑空间呈现出恰当的或我们所预期的某种感觉。许多建筑要素的尺度和特点是我们所熟知的，因而能帮助我们衡量周围其他要素的大小。例如，根据窗地比要求，我们可以通过住宅的窗洞口大小想象出住宅房间的开间面积大小；通过立面窗的数量可以判断住宅的层数；通过楼梯或者某些模数化的材料（如砖和混凝土砌块等）可以度量空间的尺度。正是由于这些建筑要素被人们所熟悉，因此，这些要素尺度的变化，也能有意识地改变我们对建筑形体或空间大小的感知。

有些建筑空间具有两种或多种尺度同时发挥作用。例如，弗吉尼亚大学图书馆的入口门廊是模仿古罗马的万神庙，它决定了整个建筑形式的尺度，同时门廊后面入口和窗户的尺度则是以建筑内部空间的尺寸为尺度设计的。又如，兰斯大教堂向后退缩的入口门拱，是以立面的尺寸为尺度设计而成的，在很远的地方就能够看到并辨认出教堂内部空间的入口。但是，当我们走近时就会发现，实际的入口只不过是巨大门拱里的一些简单的门，而这些门是以我们的人体尺度设计的。

尺度是建筑空间的一个重要特性，它能对人们的心理产生重要的影响，从而影响建筑空间的艺术表现。因此，恰当地处理好建筑的尺度，使之符合人们的心理需求，从而表现出建筑空间的艺术性，这对于一个建筑师来说是非常重要的。

4.1.2 人体尺度

1. 人体的基本数据

对人体尺度比例的研究一直是历代建筑师研究的重点。已知最古老的关于人体尺度比例标准的记载是在埃及古城孟菲斯的金字塔的一个墓穴中发现的。文艺复兴时期，达·芬奇根据罗马建筑工程师维特鲁威的人形标准，创作了著名的《维特鲁威人》。著名现代建筑大师勒·柯布西耶把比例和人体尺度结合在一起，创立了模数理论。

由于很多复杂的因素都在影响着人体尺度，所以个人与个人之间，群体与群体之间，在人体尺度上存在很多差异。

不同的国家和地区、不同的种族，因地理环境、生活习惯、遗传特质而不同，人体尺度的差异是十分明显的。我们在过去一百年中观察到的人类身高演变是一个特别值得注意的问题，子女一般比父母长得高，这个问题在人类的身高平均值上也可以得到证实。欧洲的居民预计每10年身高增加10～14mm。因此，若使用三四十年前的身体尺寸数据则会导致相应的错误。美国的军事部门每10年要测量一次入伍新兵的身体尺寸，以观察身体的变化，第二次世界大战入伍的士兵的身体尺寸就明显超过了第一次世界大战入伍士兵的身体尺寸。国务院新闻办公室2020年12月23日发布《中国居民营养与慢性病状况报告（2020年）》，报告显示，我国 18~44 岁男性和女性平均身高分别为 169.7cm 和 158.0cm。与 2015 年发布的结果相比，居民的身高明显有所增长。认识这种缓慢变化与空间设计的关系是极为重要的。

2. 人体的功能尺度

在空间设计中，除关注人体自身的生理尺度外，还需要测算人体的功能尺度及关注人体的基本动作尺度。人体活动的姿态和动作是无法计数的，但在空间设计中控制了它主要的基本动作，就可以作为空间设计的依据。这里的人体基本动作尺度是实测的平均数。人体活动所占的空间尺度是指人体各种活动（如坐着开会、拿取东西、办公、弹钢琴、擦地、穿衣服、做饭和其他活动等）所占的基本空间尺度。

此外，结合特殊功能也需关注无障碍尺度及儿童尺度。如设计无障碍活动空间，需考虑轮椅的空间尺度；设计儿童友好型活动空间，需考虑小尺度、儿童功能及儿童心理。

4.1.3　感觉尺度

空间的心理感受直接影响实体空间建构的功能及效果，而直接影响因素为人体的感觉尺度。使用者的人际距离决定使用空间的大小，空间尺度由亲密距离、个人距离、社会距离、公共距离决定。其中亲密距离为 0~0.45m，是用以表达温柔、爱抚、激愤等强烈感情的距离；个人距离为 0.45~1.3m，亲密朋友谈话、家庭餐桌用餐等属于此种距离；社会距离为 1.3~3.75m，邻居、同事间的交谈距离属于此种距离，洽谈室、会客室、起居室等常用此种距离进行布置；公共距离大于 3.75m，单向交流的集会、演讲所需的距离属于此种距离，严肃的接待室、大型会议室等常用此种距离进行布置。

视觉尺度指某物与正常尺寸或环境中其他物品的尺寸相比较时，看上去是大还是小。当参照物变化时，视觉尺度也随之变化。除直观的视觉感受外，其他感官也能影响使用距离及空间尺度。例如，听觉距离：7m 以内，可进行一般交谈；30m 以内，可听清楚讲演；超过 35m，能听见叫喊，但很难听清楚语言。因此，当空间布置距离超过 30m 时，需要使用扬声器。嗅觉距离：在 1m 以内，能闻到衣服和头发上散发的较弱的气味；2~3m，能闻到香水或别的较浓的气味；3m 以外，只能闻到很浓烈的气味。因此，在设计交往空间时，家具布置要适当留有距离，避免间距过小造成人与人之间距离过近而产生尴尬状况。

4.2　建构与逻辑

4.2.1　空间属性

每一个界面都会在一定程度上限定空间，多个界面的同时运用有时会使空间在多个层次上被限定，从而形成空间中的空间，这就是空间的层次。

空间的多次限定体现了不同层次的功能关系之间的组合要求，是空间设计中常见的一种方式。根据具体需要，每一个层次可以是被明确限定的，也可以是模糊不清的，但不管如何限定，最后一次限定的空间（空间中的空间）往往是强调的、主要的空间，而其余的空间则是从属的空间。因此这种层次关系也往往成为主从关系。

按空间的限定层次，空间可分为单一空间、二元空间与多元空间。

1. 单一空间

单一空间是复杂组合空间的基本单元，是构成整体空间的基础。单一空间具有向心性、空间界限较明晰等特点。不同限定要素的量度和组织方式会直接影响所限定的单一空间的形态。单一空间的变化主要分三种形式：量度的变化、空间削减的变化和空间增加的变化。其中量度包括长、宽、高的尺寸及它们之间的比例和尺度，量度的变化对单一空间形式而言主要是通过改变一个或多个量度，如一个正方形空间，通过改变它的高度、宽度和长度，就既可以将其变成其他棱柱、棱锥形式，也可以将其压缩成一个面的形式，甚至将其拉伸成线的形式。空间削减的变化主要是通过削减其部分体积的方法来对某一种单一空间形式加以改变。根据不同的削减程度，空间可以保持它原来的形式，也可以变化为其他形式。空间增加的变化主要是用增加空间要素的方式来改变空间的形式，这个增加的过程，将确定是保持还是改变它原本的形式。通常增加顶界面是空间设计中常用的增加空间的手法。

2. 二元空间

在现实生活环境中，除了孤立存在的单一空间之外，更多的空间总是与它周围的空间发生着各种各样的关系。一般来说，空间之间的基本关系主要有包容、邻接、相离、穿插等。

3. 多元空间

现实生活中人们使用的并经过设计组织的空间，往往不是孤立的单一空间，而是一种基于使用情况的复杂而丰富的多元空间，因此探究多个空间的组合方式对空间设计具有十分重要的意义。根据不同的功能、体量大小、空间等级、交通线路组织、采光通风和景观视野等设计要求和所处的场地的外部条件，空间的组合方式多种多样。多元空间的组合方式，从形态生成的角度来看，可以归纳为以下六类：集中式组合、线式组合、放射式组合、网格式组合、组团式组合和流动式组合。

4.2.2 结构逻辑

建构空间能够矗立，要抵抗各种外力的作用和环境的影响而得以"生存"，因此要求其必须具有稳定性。这种稳定性一方面依赖于其结构的坚固，即在各种人为和自然界的作用力下，能保持安全的结构体系；另一方面还依赖于建构空间的各个构件之间的有效组合和连接，保证其能在各种环境条件下发挥其功能的构造体系。

实体空间在使用过程中需要承受各种力的作用，这些力中有些是一直伴随实体本身存在的，如其自身所产生的重力；有些是随着时间发生变化的，如使用者的重力、风对实体空间产生的侧向推力、雨雪对实体空间产生的压力；有些是偶然产生的，如地震力、爆炸力等。结构构件的基本受力状态可以分为拉、压、弯、剪、扭五种，以及由其组合而成的各种更加复杂的受力状态。

　　结构是搭建用来形成一定空间及造型，并具有抵御人为和自然界施加于搭建物的各种作用力，使搭建空间得以安全使用的骨架。从定义来看，结构具有两方面的作用，一方面是解决空间造型问题，另一方面是解决受力问题。按实体建构的空间主体结构进行归纳，常用的结构形式可分为框架结构、剪力墙结构、框架剪力墙结构、筒体结构、拱形结构、网架结构等。要想搭建出结构逻辑合理的建构空间，必须符合受力原理与结构承载能力，并且建构空间的视觉形式审美应与受力的合理性相互匹配。

4.2.3　空间秩序

　　空间的设计与组织不仅要满足功能的需求，还要考虑人们在空间中行进时的心理感受。整体空间的组织要给人一种秩序感，这种秩序感的形成主要依靠设计师的序列安排，即把空间排列和时间先后这两个因素有机地统一起来，使人在特定的行进路线中感受空间的变化和节奏感，从而留下完整深刻的印象。

　　空间的序列会营造一定的秩序感。空间的序列是一个三维空间在时间维度上的延展，所以空间序列的秩序感的形成需要人在连续行进的过程中逐一体会，从而形成整体的印象。如同小说、电影、音乐，都必须有开端、发展、高潮和结尾，这样才会让人觉得故事是完整的、跌宕起伏的、回味无穷的，空间序列的展开也是如此。

　　从实质上说，秩序感的形成是通过对一系列体量、尺寸、形状、位置等因素的控制，运用对比、重复、过渡、衔接、引导等手法来营造统一而有变化的、完整的空间群来实现的。

4.3　常用构建方法

单位线材
构成

4.3.1　杆件类常用构建方法

1. 单位线材构成（图4.1）

　　单位线材构成有以下三种常见形式：①杆件相互搭接构成立体形态，依靠接触面之间的摩擦力维持整体稳定；②以定长线组成的三角形为单位构成，各杆件互相铰接支撑；③杆件组成线框，做重复、渐变或自由组合。

2. 杆材形状及排列方式变化

　　杆材形状及排列方式变化包括末端变化、表面处理、末端整齐与不整齐、两根杆件的渐变组合、梯形及扇形叠合、两根杆件的不同组合方式等。图4.2所示为单位线材水平排列，图4.3所示为单位线材竖直方向旋转排列。

图4.1　单位线材构成
（资料来源：常悦）

单位线材水平排列

单位线材竖直方向旋转排列

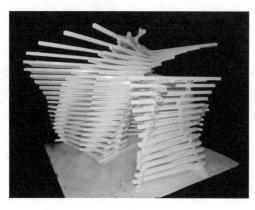

图 4.2　单位线材水平排列
（资料来源：常悦）

图 4.3　单位线材竖直方向旋转排列
（资料来源：常悦）

4.3.2　板片类常用构建方法

面材具有扩张感，以其形状、大小为主要特征，不论是平面还是曲面，均具有比线材更明确的空间占有感。在立体形态构成中，面材具有分割与围合限定空间的重要功能。面材构成空间的基本方法有：分割法，在总的限定空间中做"减法"；组合法，在基本空间基础上做"加法"。面材构成复合空间的主要方式有承托、覆盖、横断、竖断、夹持、围合。板片类常用构建方法有单一连续面材构成、单位平直面构成、单位面材插接构成、对比面材插接构成等。

1. 单一连续面材构成

使用单一连续面材构成方法，首先要折叠与翻转确定初始面型，其次划分切割成分格线，在峰谷上做切缝，切除多余部分，最后做凹凸折叠或进行翻转。

2. 单位平直面构成

使用单位平直面构成方法，要组织层面，确定层面的基本面型。基本面型的变化形式有重复、交替、渐变、近似等。按在基本面上连续排列的轨迹，层面的排列方式一般可分为直线、曲线、折线、错位、分组、倾斜、渐变、辐射、旋转等。

3. 单位面材插接构成（图 4.4）

使用单位面材插接构成方法时，需选择基本面型，应尽量选择便于加工的简单几何形，常用确定切口位置、长度、宽度的方法来进行插接。

单位面材
插接构成

图 4.4　单位面材插接构成

（资料来源：常悦）

4. 对比面材插接构成（图 4.5）

所谓对比面材插接构成，即用不同种面材进行连接，使用面材材料连接时以插接构成为主。插接面材的面形，应选择特点明显、对比性强的几何形或自由形，插接面材插接前应确定切口位置、大小、宽窄。插接面材应注意面形的对比、插接后的层次变化及整体的均衡与统一。

对比面材
插接构成

图 4.5　对比面材插接构成

（资料来源：常悦）

影响面材构成空间的因素有：面材对空间的限定构成形式，即形状、大小、色彩、肌理；面材的方位，即水平（覆盖或承托）、垂直或倾斜（分割或围截）；面材之间的关系，即面材组合的显露、通透及封闭性（图4.6）。

图4.6　面材组合的封闭性

（资料来源：常悦）

4.3.3　体块类常用构建方法

体块类常用构建方法为采用单位块材基本形。单位块材基本形的选择可分为重复形与对比形两类。重复形的积聚可以是单位块材基本形的绝对重复，也可以是广义的重复，即只在单位块材基本形的某些视觉元素上重复，而在其他元素上做近似或渐变处理，以产生韵律感，创造出富于个性的形态。对比形的积聚可选用个性鲜明的互为对比的单位块材，按轴线关系积聚成均齐形态，以产生稳定感；也可根据创作者的视觉感受进行自由组合，但作品必须具有均衡感。图4.7所示为单位块材的积聚组合。

图4.7　单位块材的积聚组合

（资料来源：常悦）

本 章 小 结

　　本章主要讲述实体空间建构的常用方法，从功能与尺度、建构与逻辑、常用的建构方法几个方面进行分析，重点考虑结构（结构稳定性、构造功能性、节点表现性）和使用功能（集体活动或寝卧体验时的尺寸关系）因素的实体空间建构方法。

思 考 题

　　1. 在体块、板片、杆件元素中选择一种在 300mm×300mm×300mm 的空间内进行设计，并观察该空间的变化。

　　2. 从功能、结构和艺术的角度谈一谈你对空间建构的理解。

　　3. 找出 5～7 个建构实例并进行分析。

第5章
实体空间建构材料

思维导图

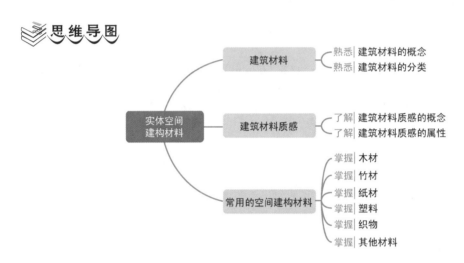

建筑材料是构成建筑空间的物质载体，建筑的本质可以理解为材料的结构逻辑和空间形态的综合表现，建筑材料的选择也是建筑师需要做出的重要决策之一。实体空间建构同样是以材料的操作为基础，通过对材料特性、结构性能和构造工艺性等的研究与应用，将建筑设计的关注点引向建筑的技术层面，强调建造的实践性和实验性。实体空间建构材料的选择需因地制宜、容易获取，能够快速进行切割、搭建、拆除，且拆除后不会对场地环境造成污染。通过在短时间内设计理念与建构材料的有机结合，学生可以体验完整的建筑生命周期，即策划—设计—建造—运维（使用、维护）—拆除的设计建造全过程。

不同建构材料有不同的材料特性、加工工艺和连接方式，建造方案的概念构思往往会受到材料特性的影响。多种材料的运用能够充分发挥学生的想象力与创造力，使得建造作品造型新颖、形态多样，有些材料防水、防潮、防风的效果较好，搭建地点可以选择在室外，且可以长时间陈列展示，甚至可以根据所处环境考虑永久性搭建。对多种建筑材料相关知识的学习，能够为实体空间的建构提供有效的参考与技术支持。

5.1 建筑材料

5.1.1 建筑材料的概念

建筑材料简称材料，指用于土木工程和建筑工程的材料，是构成建筑空间的实体结构及其表面的物质载体，包含金属、无机非金属、聚合物、复合材料等各种工程材料。

5.1.2　建筑材料的分类

1. 按来源分类

目前已有的建筑材料按来源分类可分为天然材料（如石材、木材等）和人造材料（如金属、水泥、混凝土、陶瓷等）。

2. 按化学组成分类

建筑材料按化学组成分类可分为无机材料、有机材料和复合材料。

（1）无机材料，包括金属材料（如钢铁、合金）和非金属材料（如水泥、混凝土、玻璃）。

（2）有机材料，包括合成高分子材料（如塑料、合成橡胶、有机涂料），沥青材料（如石油沥青），植物材料（如木材、竹材）。

（3）复合材料，由无机材料与有机材料或金属材料与非金属材料多相复合构成（如钢纤维增强混凝土）。

3. 按用途分类

建筑材料按用途分类可分为建筑结构材料、建筑装饰材料和专用建筑材料。

（1）建筑结构材料范围最广，包括木材、竹材、石材、水泥、混凝土、金属及合金、陶瓷、砖瓦、玻璃、工程塑料、复合材料等。

（2）建筑装饰材料包括各种涂料、油漆、镀层或涂层、贴面、瓷砖等。

（3）专用建筑材料是指具有特殊功用的材料，如用于防水、防潮、防火、耐热、保温、隔声等的材料。

4. 按使用部位分类

建筑材料按使用部位分类可分为外墙材料、屋面材料、内墙及顶棚材料、楼地面材料等。

（1）外墙材料，包括外墙涂料，清水混凝土，清水砖砌体（外饰面），陶瓷面砖，干挂法面砖及空心面砖，石材幕墙，金属板材（铝板、铜板、不锈钢板、钛板、锌板等），防腐木材，室外用人造胶合板，玻璃幕墙，U形玻璃，玻璃砖等。

（2）屋面材料，包括混凝土平屋面（其上做防水处理），瓦屋面（烧结瓦、油毡瓦、彩钢板瓦等），玻璃及PC板顶棚，金属板（铝板、锌板、铜板、钛板等）等。

（3）内墙及顶棚材料，包括内墙涂料，墙纸，面砖，木板及人造板材，石材，玻璃，金属板（铝板、钢板、不锈钢板等）等。

（4）楼地面材料，包括混凝土，水泥，水磨石，地坪涂料，地砖，石材，木地板（实木地板、复合木地板等），地毯等。

5. 按材料种类及常见表面形态分类

建筑材料按材料种类及常见表面形态分类可分为针织布艺、毛皮，陶瓷，石膏、陶土，砖石、混凝土，玻璃，金属、合金，塑料、树脂、橡胶，涂料、抹灰，木材，纸，植物，其他，共 12 大类。

5.2 建筑材料质感

5.2.1 建筑材料质感的概念

建筑材料质感指对构成建筑空间的实体结构或其表面材料的实际感受。质感是物体表面质地的特性作用于视觉所产生的感受，即质地的粗细程度在心理上的反映。区别于颜色或形状，如颗粒状的、粗糙的、可触摸的有形表面与完全平滑的延展表面就具有不同的质感。质感有天然的和人为的两种，既可以利用材料天然的质感，也可以通过加工手段改变材料天然的质感。这种感觉不是孤立存在的，建筑材料的质感对应物体表面的特性，对物体的形象起着加强的作用，因此在人的心理上会产生认识上的差别。

5.2.2 建筑材料质感的属性

建筑材料质感可被感知的属性包括客观描述和主观评价两个部分。

表 5-1 所示为建筑材料质感属性分类表。

表 5-1 建筑材料质感属性分类表

描述角度	分类	具体要素
客观描述	物理特征	硬度、强度、弹性、黏性、材质密度、温度、湿度、质量、透明度
	表面特征	形态特征：表面粗糙度、形态完整性、表面反光性
		纹理特征：纹理形态、纹理方向、纹理密集度、纹理深度、纹理对称性、纹理复杂性
主观评价	使用功能评价	舒适度、价值判断、功能性、可行性、安全性、适用范围
	审美评价	时代感、生态性、秩序性、亲和度、活力度、稳定性、魅力、喜好

不同种类的建筑材料，其质感的描述和评价不同，所表达的主观意向也不同。比如木材是传统的常用于室内并且接受度很高的材料，具有自然、细腻、安全、耐久的特性；玻璃则是现代、人工材料的代表，具有寒冷、光滑、整洁、崭新的特性，在室外更能引起关注；金属、合金类材料多数在室外且饱经风霜，容易遭到腐蚀，在外形、色泽和性能方面都受到影响，这说明金属、合金类材料需要更有效的措施来影响使用者的评价；石膏、陶土类材料的质感与砖石、混凝土类材料的质感相似，但在表面处理上更为复杂，更适用于装饰，且较后者更适于室内使用；针织布艺、毛皮类材料和陶瓷类材料几乎呈现互补趋势，前者柔软、粗糙、温暖、有弹性且轻盈，后者坚硬、光滑、冰冷又沉重，同时二者又都是室内装饰最习以为常的人工材料，具有细腻、精致又整洁的特性；涂料、抹灰类材料

各项评价较为均衡，具有干燥、沉重的特性，室内外均有使用；塑料、树脂、橡胶类材料则是现代的、人工的、轻盈且略显粗劣的常见室内装饰用材料。

5.3　空间建构常用材料

实体空间建构要求在短时间内完成建筑的策划—设计—建造—运维（使用、维护）—拆除的完整生命周期过程，所选用的材料要容易获取，能够快速进行切割、搭建及拆除，并且健康环保，拆除后不会对场地环境造成污染。常用的空间建构材料有木材、竹材、纸材、塑料、织物及其他材料。

5.3.1　木材

木材作为我国传统的建筑材料，有着十分悠久的历史，建造工艺十分成熟。作为一种天然可再生材料，木材具有力学性能优越、质轻易加工、结构坚固、抗震性能高、耐久性良好等特点，其取材便利，建造的结构、构造逻辑清晰明了，更易于在真实的环境下探索材料、结构和构造方式的逻辑关系。

木材的加工可以通过锯割、刨削、切割、穿孔等工艺进行。常见的木质单元构件有木板、木条、木块等（图5.1）。木质单元构件一般通过绑扎、榫接、搭接、浇筑、栓接、钉接、胶接等方式进行连接。但其弯曲性差，有些形态难以实现，且建造时需要进行防水、防潮处理。

南京大学2012年主办的中国大学生建造节首次尝试了木结构设计和建造的探索，参与该建造节的高校包括南京大学、台湾淡江大学、香港中文大学、东南大学、南京林业大学、南京艺术学院等（图5.2）。2017年第二届北京建造节与2019年同济大学木构建造节也都使用木材进行建造，其相关代表作品分别如图5.3和图5.4所示。

5.3.2　竹材

竹材是一种天然可再生材料，具有质量轻、柔韧性好、形态多样、结构坚固、耐久性良好等众多优点。竹材的弹性模量可达到一般木材的2倍，具有强大的韧性，弯曲后还可以产生弹性应力，不同直径的竹材，其韧性、弹性也不相同。

竹材的灵活性较高，可以做成各种各样的形态。竹材一般通过切割、穿孔、弯曲、打磨等加工工艺和绑扎、榫接、栓接、套筒、槽口、枪钉等连接方式进行建造。竹材常用的结构形式有直网架型、曲线型和编织型。

（1）直网架型。由直竹作为受力杆件，利用竹材的轴向力，通过圆筒形截面承受垂直应力。这种结构形式的竹材与木材和钢材的特性相似，但抗弯能力较弱，垂直荷载过重时容易劈裂。

（2）曲线型。利用竹材的韧性及弹性应力，由弯曲状态的杆件作为主要受力构件，整竹弯曲成圆圈或圆弧构成侧面，再经过组合形成围合空间。这种结构形式造型柔和灵动，整体性极强，但为克服弯曲带来的作用力，在节点及连接的处理方式上要求较高。

(a) 木板

(b) 木条

(c) 木块

图 5.1　实体搭建中的木质单元构件

（资料来源：SCARPACI P，范嘉苑. 重叠：2020 年阿根廷 Hello Wood 建造节［J］.

现代装饰，2020（8）：156－159）

（3）编织型。利用编织体或单元作为受力构件，其结构的基本原理就是以线性材料形

2017年第二届北京建造节中各木质单元构件连接方式细部图

图 5.2　2012 年中国大学生建造节南京艺术学院作品

（资料来源：https：//dc. nua. edu. cn/2012/0518/c4359a42216/page. htm）

图 5.3　2017 年第二届北京建造节中各木质单元构件连接方式细部图

（资料来源：https：//www. sohu. com/a/146313542_613680）

成面，再将面变形组合形成空间。这种结构形式构成的界面具有连续性，适合表现塑性空间，但需要对竹材进行加工，耗费时间及精力。

(a) 一等奖作品
(同济大学建筑与城市规划学院)

(b) 二等奖作品
(上海交通大学建筑系)

图 5.4　2019 年同济大学木构建造节·上海乡村社区主题廊亭建造邀请赛
（资料来源：https：//caup. tongji. edu. cn/0d/8c/c10928a134540/page. htm)

2019年同济大学木构建造节·上海乡村社区主题廊亭建造邀请赛

2017年全国高校竹设计建造大赛

由于竹材结构坚固、防风防雨，在场地选择上限制较少，既可以在室外搭建，也可以在室外进行永久性建造。但其造价略高，工艺较复杂，耗时较多。

全国高校竹设计建造大赛开始于 2017 年，以"知竹·乐居——为美丽乡村而设计"为主题在浙江省安吉县举办，共 13 所高校参加，利用独特的自然资源与乡村结合建成永久性建筑，服务于乡村，对当地村民的生活也产生了积极的影响（图 5.5)。2018 年首届北京林业大学国际花园建造节也是采用竹材进行建造（图 5.6)。

(a) 华南理工大学作品

(b) 浙江大学作品

图 5.5　2017 年全国高校竹设计建造大赛
（资料来源：http：//news. buildhr. com/1503021118/175128/1/0. html)

5.3.3　纸材

用纸做结构材料可以减小结构自重、加快施工速度并降低成本，结构拆除后纸还可以重复利用，对节约资源、保护环境也有好处。由于纸材具有易于加工的特性，其制作方法

(a) 浙江农林大学作品

(b) 南京林业大学作品

图 5.6   2018 年首届北京林业大学国际花园建造节

（资料来源：http：//www.landscape.cn/news/65531.html）

2018年首届
北京林业
大学国际
花园建造节

多种多样，可通过传统手工制作，或借助机械器具及科技手段，对纸材进行剪、刻、镂、卷、折、撕、塑等加工处理，让纸材从平面走向立体，在丰富空间界面的同时带来艺术化的效果。

在纸建筑的建造中，具有代表性的是日本建筑师坂茂的创作成果，包括与德国建筑师及结构工程师弗雷·奥托合作的 2000 年德国汉诺威世界博览会日本馆（图 5.7）、伦敦设计节的纸塔（图 5.8）及新西兰的纸教堂（图 5.9）。

图 5.7   2000 年德国汉诺威世界博览会日本馆

（资料来源：https：//www.toodaylab.com/61828）

图 5.8   伦敦设计节的纸塔

（资料来源：https：//www.163.com/news/article/5JQA6CDV000125LI.html）

图 5.9　新西兰的纸教堂
（资料来源：https://www.thepaper.cn/
newsDetail_forward_1817727）

在建筑空间的感知与场所的营造中，纸材因其取材、强度、质感等材料特性，往往大量应用在室内艺术表现上，与建筑的实体与空间建造产生的联系相对较少。但随着设计观念的发展及建造技术的进步，纸材的应用得以扩展。

在空间建构中最为常见的纸材应用就是瓦楞纸板的形式。

瓦楞纸板是由一层箱板纸和至少一层波浪形芯纸夹层共同构成的环保可再生材料，由于其购买方便、价格低廉、易于切割操作，深受各大高校校园建造节的喜爱，是目前各建造节应用最为普遍的建构材料。作为建造的结构和围护材料，瓦楞纸板具有较好的结构性能和强度，横向抗压力较差，横向抗拉力较强；有良好的缓冲性能，防振性能良好，能承受一定的冲击压力和振动；自重轻，便于运输；加工工序简单，易于操作，在搭建过程中安全系数较高；便于机械化生产，造价低廉，并且可以回收利用。

瓦楞纸板使用中主要采用切割、穿孔、弯曲等加工工艺，并且可通过使用金属连接件、加铆等多种方式提高纸板强度及构件跨度。瓦楞纸板常用的连接方式有插接、编织、绑扎等（图 5.10）；常见的结构形式有箱体结构、板＋柱结构、肋拱板结构、折板结构、折板＋肋板结构等（图 5.11）。

(a) 插接

(b) 编织

(c) 绑扎

图 5.10　瓦楞纸板常用的连接方式
（资料来源：胡春，王薇.基于纸板材料的建造教学探索［J］.住宅科技，2019，39（7）：67－70）

瓦楞纸板自身易折，虽然在设计阶段中小模型制作效果较好，但在真正的实体空间建构中，往往会因为结构不够牢固而难以搭建或者在陈列一段时间后发生严重变形或倒塌。同时，瓦楞纸板抗风性差，遇风时室外搭建难度大，防潮、防雨性差，潮湿或遇水后会变软且不可恢复，受环境限制大，因此基本只能在室内搭建。

华北地区最具影响力的北京建造节就起源于 2015 年北京交通大学举办的以 "Making a World" 为主题的瓦楞纸板建造实践（图 5.12），同济大学建造节也曾连续多年将瓦楞纸板作为主要的建构材料，并且涌现出大量优秀的瓦楞纸板空间建构作品（图 5.13）。

(a) 箱体结构　　　　　　　　　　　(b) 板+柱结构

(c) 肋拱板结构　　　　　　　　　　(d) 折板结构

(e) 折板+肋板结构

图 5.11　瓦楞纸板常见的结构形式

（资料来源：胡春，王薇.基于纸板材料的建造教学探索［J］.住宅科技，2019，39（7）：67－70）

图 5.12　2015 年北京交通大学"Making a World"建造节

（资料来源：http：//www.ikuku.cn/article/meewjianzaojieeee2015beijingjiaotongdaxuejianzaojiejilu）

图 5.12　2015 年北京交通大学 "Making a World" 建造节（续）

（资料来源：http://www.ikuku.cn/article/meewjianzaojieeee2015beijingjiaotongdaxuejianzaojiejilu）

2015年北京
交通大学
"Making a
World"建
造节

2014年第八
届同济大学
建造节

(a) 上海交通大学作品

(b) 四川美术学院作品

(c) 天津大学作品

(d) 同济大学作品

图 5.13　2014 年第八届同济大学建造节

（资料来源：https://www.mafengwo.cn/i/3087528.html）

5.3.4　塑料

1. PP 中空板

PP 中空板又称塑料中空板、阳光板，是一种新型的环保包装材料，在实际工程中常作为辅材。其厚度及板片状的外观与瓦楞纸板相似，但其颜色较多，弹性和韧性好，可弯可折，造型多变，强度、耐久性、耐候性、透光性、规格等方面都优于瓦楞纸板，且其造价低廉、工艺简单、操作更加方便，光滑可贯通的中空结构特性也为设计应用带来了新思路。PP 中空板通过切割、弯曲、穿孔、折叠等加工工艺和编织、穿插、粘贴、扭曲、栓接、堆叠等连接方式可在短时间内进行搭建。同时其防水性能极佳，为室外建造提供了坚实的保障，但其抗风性较差，且耐久性差、易损坏。

近年来，由于天气原因，同济大学国际建造节逐渐使用 PP 中空板替代了沿用多年的瓦楞纸板，如图 5.14 所示。目前 PP 中空板受到许多高校师生的喜爱，在 2018 年湖南省第二届"梦想家"建造节和 2019 年第十届哈尔滨工业大学建造节中，都能看到使用 PP 中空板建造的优秀作品。

2. PVC 管

PVC 管是我们日常生活中普遍使用的管道，其经济美观，且具有抗拉和抗压性好、强度高、耐腐蚀性强、环保无毒、使用寿命长等优点。PVC 管的单元长短可根据需求进行裁切、穿孔，管与管之间可以用 45°弯头、直角弯头、三通管、四通管等进行接头处理。相比瓦楞纸板而言，PVC 管可以有效解决室外建造作品防风雨的烦恼，并且可回收再利用。但 PVC 管管状结构不易弯曲，可操作的造型空间有限。

2019 年吉林大学珠海学院第九届建造节有使用 PVC 管建造的作品（图 5.15）。

3. 塑料薄膜

塑料薄膜作为新的建筑形式兴起于 21 世纪 50 年代，在 70 年代以后得到迅速发展，至今已成为大跨度空间建筑的主要形式之一。塑料薄膜的应用形式主要为膜结构，膜结构集建筑学、结构力学、精细化工、材料科学与计算机技术等为一体，为建筑师提供了超出传统建筑模式的新选择。膜结构建筑因其跨度大、艺术性高、透光性强、经济花费低、自洁性强等特点，能够充分表现出建筑师的设计构想。德国 Plastique Fantastique 建筑工作室的大型充气膜建筑（图 5.16）已经成为城市公共空间的大型试验室。

5.3.5　织物

有些设计采用织物，包括布、纱、绳等进行设计，其质量轻、柔韧性好的特点充分展现出建造作品的柔软飘逸、自由之感。织物材料的加工工艺包括缝合、裁剪、熨烫、穿洞等，可以通过悬挂、连接等建造方式构成建筑空间，具有取材方便、建造迅速并且可回收利用的特点。

(a) 天津大学作品《羽巢》

(b) 湖南大学作品《逸》

(c) 哈尔滨工业大学作品《一蒂千花》

(d) 中央美术学院作品《一块儿》

(e) 凡尔赛国立高等建筑学校作品《Mousgoum》

(f) 重庆大学作品《白昼朝生》

图 5.14　2017 年同济大学国际建造节作品

（资料来源：https://news.tongji.edu.cn/info/1005/7013.htm）

图 5.15　2019 年吉林大学珠海学院第九届建造节作品

（资料来源：https://www.zcst.edu.cn/2021/0602/c4605a160686/page.htm）

(a) 充气膜建筑里的夜间音乐会　　　　　(b) superKOLMEMEN：活动讲演空间

图 5.16　Plastique Fantastique 建筑工作室的大型充气膜建筑

（资料来源：https://www.shejipi.com/371909.html）

Plastique
Fantastique
建筑工作室的
大型充气膜
建筑

　　如日本建筑师坂茂用纸管和织物，为集中收留在大型场馆的地震灾民迅速创造了可单独居住的空间（图 5.17）。

　　与布不同，纱具有半透明的特性，可通过不同颜色的叠加来增加色彩的丰富性，其柔软的质地也可以随意塑形（图 5.18、图 5.19）。

　　织物材料中绳的运用不仅限于布和纱对空间分割、装饰的作用，还可作为结构部件起到连接、承重等作用。绳典型的运用方式就是悬索结构，即利用绳索（通常悬挂在支撑结构体系的边缘构件上）承受轴向拉力，通过边缘构件或支撑结构将拉力传递到建筑物的基础上。

5.3.6　其他材料

1. 冰雪

冰雪建造历史悠久，传统建造方式是采用"合理选址—加工雪块—适度下挖—螺旋上

图 5.17　地震灾民集中收留场馆

（资料来源：https：//zhuanlan.zhihu.com/p/68820644）

图 5.18　空间建构作品

（资料来源：https：//wenku.baidu.com/view/95db2ddcf71fb7360b4c2e3f5727a5e9856a2714.html）

升—逐层砌筑—封闭屋顶"六道工序进行建造。由于传统的砌筑式拱顶抗压强度有限，因此满足大跨度需求的冰壳结构技术得以发展并逐渐完善。冰壳结构可通过充气薄膜与倒挂

图 5.19　2021 年重庆"长江文化艺术周"作品《引力的影子》

（资料来源：https：//mp. weixin. qq. com/s/pwsUT7M8NtvxQ9EXDQCCSA）

的织物找形，首先将水喷射在悬挂的织物上，待其凝固后将其反转过来形成冰壳（图 5.20）；也可利用中心柱和膜布形成支撑，在其表面喷水，凝结形成 10mm 厚的冰层，再撤掉中心柱，即形成冰壳形态（图 5.21）。

图 5.20　利用倒挂的织物形成冰壳

（资料来源：巴蒙，卡妮萨雷斯 . 冰屋考：从风土建筑到当代建筑［M］. 陈柏蓉，译 .

台北：积木文化，2013）

冰壳结构建造的施工材料包括水-雪单体材料和加强型复合冰材料。其中水-雪单体材料是利用造雪机喷雪和可控喷头喷水，在充气膜表面间隔喷射待其凝结成形，从而构成加强冰雪结构；加强型复合冰材料，如埃因霍芬理工大学（TU/e）的阿诺·普朗克教授携其团队将水与木纤维材料按照 9：1 的比例混合形成水-木纤维增强复合冰，其结构性能提升了 3 倍，可形成跨度达 30m 的冰壳结构。

利用冰雪材料进行空间建构具有模板费用低、可重复利用、结构性能优良等特点。但是，冰雪材料熔点低、易升华的特点注定其受气候条件的影响较大，冰壳结构向阳面受太阳辐射大、温度高、凝结慢、融化快，背阴面则与之相反，这就导致冰壳厚度在向阳面与背阴面存在显著差异，从而引起荷载不均、结构稳定性降低。因冰雪材料建筑生命周期短，目前尚未形成其结构安全性的相关标准，这也使其后期维护较为困难。

哈尔滨工业大学、埃因霍芬理工大学等团队利用充气膜找形作为形态设计的方法，以

图 5.21　用中心柱和膜布支撑的冰壳

（资料来源：董宇，崔雪，罗鹏，等．充气膜承冰壳结构形态设计及其建造实践［J］.

西部人居环境学刊，2019，34（4）：65－73）

数字化模拟找形技术辅助冰壳结构形态的前期设计，极大地丰富了冰雪材料空间建构的多样性（图 5.22）。

图 5.22　冰上圣家教堂

（资料来源：董宇，崔雪，罗鹏，等．充气膜承冰壳结构形态设计及其建造实践［J］.

西部人居环境学刊，2019，34（4）：65－73）

　　冰雪作为一种特殊的建构材料，具有明显的地域性，能让学生体验到不一样的空间操作方法。以 2018 年哈尔滨工业大学国际冰雪建造节为典型代表，该建造节在国际范围内邀请院校参赛进行新型冰雪建筑的创新设计（图 5.23）。

　　2. 废品

　　近些年倡导绿色可持续的建造理念，实体空间建构开始出现使用废品为材料的创意设计，这种再创造的方式有利于培养学生对周边环境的观察和感知能力，能够充分发挥学生的想象力和创造力。

　　由于不同废品的材料性能不同，因此在同一作品中可以选取不同的废品进行设计与搭建，这样能够充分发挥各种材料的结构效用。废品可采取切割、弯曲、穿孔、折叠等工艺进行加工，通过编织、穿插、粘贴、扭曲、栓接等方式进行建构。废品建构形式多样、造型丰富，且经济环保，但部分材料耐久性较差。

　　2018年北京交通大学第三届北京建造节上就有学生用废旧的糖果盒、自行车轮、卫生纸筒等进行建造（图5.24），其作品色彩鲜明、造型独特，使人眼前一亮。

2018年
哈尔滨工业
大学国际
冰雪建造节
作品

图 5.23　2018 年哈尔滨工业大学国际冰雪建造节作品

（资料来源：https://www.meipian.cn/11z71lm1）

3. 纤维板

　　纤维板又称密度板，是由木质纤维或其他植物素纤维通过施加脲醛树脂或其他适用的胶粘剂制成的人造板。纤维板的优点是材质均匀、纵横强度差小、不易开裂；其缺点是耐水性差，因背面有网纹，吸湿后易膨胀、翘曲、变形，并且材料表面坚硬不易打孔，连接方式受限。

2018年北京
交通大学
第三届北京
建造节作品

图 5.24 2018 年北京交通大学第三届北京建造节作品

（资料来源：http://news.bjtu.edu.cn/info/1044/28031.htm）

美国芝加哥的伊利诺伊理工学院建筑学院设计师用碳纤维板进行建造，给人们带来了不一样的感官体验（图 5.25）。

图 5.25 碳纤维板编织装置外部实景图

（资料来源：https://bbs.zhulong.com/101020_group_201883/detail10124095/）

4. 生土

生土材料以原状土为原料，不改变其物理性质，经过简单加工即可用于建筑或填充。

生土取材便利、不需烧制、绿色环保，不仅在欠发达地区是首要选择，在现代新建建筑中也有使用（图 5.26）。

生土材料具有可调节温度、湿度的特点，其蓄热性较强且导热系数小，隔声效果也好于玻璃、钢筋混凝土等现代材料，可就地取材，能节省材料运输成本。但生土材料强度不高、耐久性差、建筑整体性差、使用年限受限、防水性能差、对自然灾害的抵抗性相对较差等，同时其结构自重过大，也影响到建筑的使用空间。生土材料在使用时，一般可添加改性材料，如砂石、

碳纤维板编织装置外部实景图

图 5.26 夯土墙民宿实体墙

（资料来源：https://www.hangtuqiang.net/case/66.html）

纤维、水泥、石灰、石膏、矿物掺合料及外加剂等，以改善原状土的自身特性。

夯土墙民宿
实体墙

生土材料一般采用夯土技术进行建造。夯土建造过程一般包括基地修整与放线、地基铺设、基础砌筑、模板架设、生土搅拌、墙体夯筑、模板拆除、后期处理、排水处理、场地处理等过程。

厦门大学嘉庚学院建筑学院开设了"创新生土的设计结合建造"课程，选择极具闽南地域与文化特色的建筑材料——生土，让学生自己从采土、调配拌和开始，在建造训练中传承闽南的建筑文化。西安美术学院与北京建筑大学也针对大三学生联合开设了"夯筑营"工作坊，通过在甘肃调研过程中学习和掌握夯筑技术，研究材料的视觉语汇和材料肌理表现力。作为最古老的建造工艺，生土材料的使用在传承中不断发展。

本 章 小 结

建构材料各有特性，对建构材料的了解有利于空间建构的具体实施。随着建构活动的持续开展和探索，各高校对建构材料的选择也趋于多样，他们结合地域性材料进行研究，并带领学生体验建构操作的全过程。

　　校园内的建造节（教学类或竞赛类）往往选择容易获取的建构材料，如瓦楞纸板、PP中空板就是运用最为广泛的建构材料，但此类建构结果与真实建造有明显的不同，建构作品具有暂时性的特点，并且存在消防安全问题、维护管理问题等，因此也有学者认为此类作品是装置而非建筑。

　　乡村建造竞赛多选择木材、竹材、夯土等地方材料，模拟真实建造过程，包括选址、现场踏勘与调研、任务策划、方案研讨、模型制作、材料探索、足尺建造、展示反馈等环节，建造周期远远长于校园建造节，最终完成的作品一般能体现出社会效益，为村民提供休憩、观赏、游戏的场所，提升乡村风貌。

思 考 题

　　1. 日常生活中常见的建筑材料及其结构方式有哪些？

　　2. 同种建筑材料经过不同的处理方式，会呈现出怎样的质感差异？

　　3. 当不同建筑材料组合运用时，会突显出某些材料特性，尝试在不同材料的组合方式中总结材料特性的对比规律。

　　4. 除本章介绍的常用的空间建构材料之外，你还能想到哪些能够使用的建构材料？这些建构材料可以用哪些方式连接？适用于哪种造型表达？

第6章
实体空间建构实践

实体空间建构是通过应用实际建构材料搭建真实人体尺度空间模型，表达空间体验，创造空间环境并加以呈现的实践活动。在此过程中，学生可领会从学到做、在做中学的工匠式感悟和创造性思维，并依靠建造中的材料逻辑、力学逻辑、构造逻辑等来解释空间的存在，并致力于将建筑的工程性与人文艺术性联系在一起。

在此实践过程中，通过将专业的抽象知识转化为具象的实际操作，来有效培养学生的专业设计能力，提高团队的协作能力和处理复杂问题的应变能力，以此强化学生的综合素质，为塑造复合型建筑学专业人才奠定基础。

6.1 国内空间建构实践

中国吸收西方建筑学的"布杂"教育思想，自 1923 年创立了中国建筑学高等专业教育，1952 年开始又受苏联构成主义设计理念的深入影响，形成了以民族形式为主线、以渲染练习为具体表现的中国建筑学教育体系，发展至今，经历了移植、本土化和抵抗三个发展阶段。目前，以二维平面技法训练为主，用平面、立面、剖面图生成设计方案的建筑学专业教育传统方式。

在建筑学教育全球一体化的今天，传统"布杂"教育中把建筑设计作为一种与绘画密切相关的艺术形式，逐步被重视实际建造经验的训练及对空间和建构加以强调的德国包豪斯设计理念所取代。以模型搭建推敲建筑设计方案的手法，是德国包豪斯式现代建筑学的教育模式。模型实践、手工建构及设计与实施并重的教学理念不仅在当代西方建筑学设计启蒙教育中占主导地位，而且在近年来的中国建筑学教育中也产生了巨大的影响。

在这种建筑学教育模式的趋同转变中，实体与数字空间建构是融合包豪斯建构理念生成建筑设计方案的有效方法，在今天的西方建筑学基础教育中应用较为普遍，十余年来，此方法也逐步引入中国建筑学设计启蒙教育中，国内多数建筑类高校举办或参加过建造竞赛活动。例如，2016 年，哈尔滨工业大学第七届建造节邀请北京建筑大学、内蒙古工业大学、大连理工大学、吉林建筑大学、哈尔滨理工大学、哈尔滨师范大学 6 所高校，哈尔滨一中、哈尔滨三中、哈尔滨六中、哈尔滨师大附中和黑龙江省实验中学 5 所中学，总计 37 支队伍参赛，合计参赛学生共约 350 人；2017 年，第二届北京建造节在北京交通大学举行，该届建造节吸引了来自京津冀地区的 15 所高校及中学共计 47 支参赛队伍参加；2018 年，同济大学国际建造节暨同济大学 2018 上海市中学生建造邀请赛，由同济大学本科生院（招生办公室）主办、同济大学建筑与城市规划学院承办。

6.1.1　构筑物搭建实践

1. 同济大学国际建造节

同济大学建筑与城市规划学院自 2007 年在国内首开先河举办建造节。由于通过建造实践活动，初学者可以对建筑的材料性能、建造方式及建造过程获得感性和理性认识，并初步掌握建筑最本质的要素，因此结合建筑设计基础课程，同济大学尝试将传统课内教学发展为教学实践项目，进而于 2011 年发展为全国多所建筑类院校参加的赛事活动，从 2012 年起该活动被批准为全国高等学校建筑学学科专业指导委员会指导下的竞赛，得到国内外建筑类高校的积极响应及参与（图 6.1）。2019 年，同济大学在多年活动基础上更新建构材料举办了同济大学第一届木构建造竞赛。2021 年，同济大学举办了同济大学木构建造节（图 6.2）。

2018同济大学国际建造节

图 6.1　2018 同济大学国际建造节

（资料来源：https：//www.sohu.com/a/234945678_688519）

2. UIA–CBC 国际高校建造大赛

UIA–CBC 国际高校建造大赛是由 CBC 建筑中心发起、国际建筑师协会（UIA）作为国际主办方、教育部高等学校建筑类专业教学指导委员会作为指导单位、获得 UIA 官

2021同济
大学木构
建造节

图 6.2　2021 同济大学木构建造节

(资料来源：https://news.tongji.edu.cn/info/1003/78335.htm)

方认可与支持的建造类竞赛，也是目前规模最大、级别最高的国际建造竞赛之一。到目前为止，该赛事已举办了四届，分别是 2016 年贵州楼纳的第一届 UIA－CBC 国际高校建造大赛、2017 年四川德阳的第二届 UIA－CBC 国际高校建造大赛、2018 年江西夏木塘的第三届 UIA－CBC 国际高校建造大赛、2019 年江苏泗阳的第四届 UIA－CBC 国际高校建造大赛。通过参加建造大赛，学生们走出传统课堂，面对实际复杂问题，完成从设计到建造施工的全周期工作，搭建起从学到做的建筑学实践平台。在实际的建造中更为深刻地理解场所精神，感知建筑空间，指导未来的建筑设计和实践。基于中国城乡发展背景，UIA－CBC 国际高校建造大赛结合中国新型城镇化建设发展，选址于城乡区域进行空间改造更新。从 2016 年贵州楼纳的"乡村露营装置"到 2017 年四川德阳的"结合自然的设计"，再到 2018 年江西夏木塘的"趣村"，融合高校教学实践与地域文化助力当地乡村振兴，形成混合且充满活力的文化经济模式，激活乡村的内部资源，让乡村的内部资源与外部力量共同迸发新的生机。

2016 年 8 月，为期 20 天的第一届 UIA－CBC 国际高校建造大赛在贵州省兴义市楼纳国际建筑师公社举行，作为"楼纳国际山地建筑艺术节"的重要组成部分，汇聚了国内外众多高校的师生团队，包括清华大学、同济大学、东南大学、湖南大学、天津大学等国内高校和意大利都灵理工大学等国际院校，是国内首次大型高校实体建造比赛。竞赛由贵州省兴义市义龙新区和《城市·环境·设计》（UED）杂志社联合主办，贵州省楼纳建筑师公社文化发展有限公司与 CBC 建筑中心承办，比赛以"乡村露营装置"为主题，设计实践以竹材为主要建构材料。比赛不仅加深了学生对材料、形态、空间、结构的理解与认知，更引导学生立足于当地人文环境，思考建筑内涵，寻求现代性与地域性平衡的实践探索。

重庆大学建筑城规学院的设计作品《栖涧》获得第一届 UIA－CBC 国际高校建造大赛一等奖（图 6.3）。该作品主要空间包括入口空间、内部主体空间和斗状空间，三种空间共同环绕于中心天井。该作品主要搭接方式包括挖孔卡接、半孔嵌套、螺钉螺杆栓接等。该作品以六芒星为底，采用王冠形辐射的形式，构思主题为六个倾斜而上的尖角，掩映在稻田之中，仿佛欲飞的羽翼，直抵天际。该作品在结构方面打破了一成不变的普通钢混材质所呈现的简单框架，充分利用竹材的韧性，采用斜柱斜梁的结构形式；在理念层面则强调充分利用水系，融合山水自然环境。

2016年第一届UIA-CBC国际高校建造大赛一等奖作品《栖涧》

图 6.3　2016 年第一届 UIA – CBC 国际高校建造大赛一等奖作品《栖涧》
（资料来源：https：//news. cqu. edu. cn/archives/news2/content/2016/09/11/381b89d755650c3
ba4eb1005da26aaf2a54feff2. html）

　　2018 年华南理工大学建筑学院作品《趣村竹园——若浮廊》荣获第三届 UIA – CBC
国际高校建造大赛一等奖（图 6.4）。该作品通过构筑物基本单元两两相对重复产生韵律形
成廊，将结构与形式巧妙结合，沿湖布置观景流线，引入趣味性和功能性，灵活处理交通
流线及使用功能，在整合原有景观资源的同时，合理改善场所的公共空间体系。

2018年第三届UIA-CBC国际高校建造大赛一等奖作品《趣村竹园——若浮廊》

图 6.4　2018 年第三届 UIA – CBC 国际高校建造大赛一等奖作品《趣村竹园——若浮廊》
（资料来源：http：//news. scut. edu. cn/2018/0816/c41a38255/page. htm）

3. 吉林省建构设计大赛

为激发学生的创造潜能，培养富有想象力和创造力的设计人才，从 2019 年起，由吉林省土木建筑学会主办，吉林建筑大学承办的吉林省建构设计大赛召集省内建筑类高校参与互动，成为吉林省影响范围最广、参与人数最多的建筑类赛事。与国内各建造节等活动相比较，吉林省建构设计大赛在传统建造活动形式的基础上更新建构材料，积极将获奖作品与社会实践课外教学环节相结合，开展教学成果应用转化，助力吉林省乡村振兴及城市更新与景观升级。

大赛成果积极助力乡村振兴转化应用，依托环境优化、基础设施建设，形成教育服务乡村环境治理示范项目，探索吉林省特色化产学研用教育改革的创新乡村实践模式，目前已成功落地的项目有：2020 年长春市劝农山镇太安村、同心村空间优化改建设计，2020 年长春市榆树市八家村、进步村、广隆村改造设计，2021 年延边朝鲜族自治州安图县龙林村、龙泉村、咸成村空间优化设计。大赛成果还积极助力城市更新与景观升级，目前已成功落地的项目有：2021 年长春市二道区街道景观空间设计、长春市公主岭市阳光社区基础设施改造设计、长春市北湖国家湿地公园空间优化设计。

把满足人民群众需求、合理服务社会融入教学中，实现专业课程内容与实际应用的结合，打造以服务社会为目标导向的提升学生综合实践能力的教学模式，有力地支持和促进了老旧城区人居环境的优化改造，提升了城市基础设施景观质量。图 6.5 所示为吉林省建构设计大赛获奖作品成果转化落地项目。

(a) 长春市劝农山镇太安村空间优化改建设计

(b) 延边朝鲜族自治州安图县咸成村空间优化设计

图 6.5　吉林省建构设计大赛获奖作品成果转化落地项目

（资料来源：阮阳、宋义坤、常悦）

吉林省建构设计大赛获奖作品成果转化落地项目

(c) 长春市北湖国家湿地公园空间优化设计

图 6.5　吉林省建构设计大赛获奖作品成果转化落地项目（续）

（资料来源：阮阳、宋义坤、常悦）

6.1.2　建筑物搭建探索

本小节的建筑物搭建区别于一般建筑工程项目，特指结合专业教学内容，以学生设计施工搭建为主体进行的短期快速的建造活动。具有代表性的建筑物搭建探索活动有中国国际太阳能十项全能竞赛。

中国国际太阳能十项全能竞赛，是由美国能源部授权（国际太阳能十项全能竞赛由美国能源部于 2002 年发起并主办），中国国家能源局发起，由中国产业海外发展协会主办，住房和城乡建设部、共青团中央为支持单位，以全球高校为参赛单位的国际高校建造大赛。该赛事秉承的宗旨是以建筑为载体，以智能家居为核心，以绿色生态为理念，打造太阳能和绿色建筑领域的竞技赛事。该赛事将清洁能源、低碳减排与建筑设计紧密结合，要求参赛队员在限定时间内创造出符合竞赛要求，即功能完善、舒适宜居、具有可持续发展的居住空间。该赛事的具体规则为：每个参赛的太阳能住宅应完全满足日常生活要求，即配备电视、冰箱、烹调灶具、洗碗机、洗衣机和计算机等整套日常家用电器及家具等生活设施。在竞赛考评期间（一周）内，组织者将切断所有的外界水、电供应，竞赛除了要求满足 3～6 名参赛学生正常居住所需能源消耗和室内温、湿度舒适环境的需要外，还将邀请其他国家选手到"家"中做客，做出可供 8 人享用的晚餐。

国际太阳能十项全能竞赛自 2013 年引入中国，已成功举办了三届。第一届中国国际太阳能十项全能竞赛于 2013 年在山西省大同市举办，由中国国家能源局、美国能源部联合主办，北京大学承办；第二届中国国际太阳能十项全能竞赛于 2018 年在山东省德州市举办，来自全球 8 个国家和地区的 34 所高校组成的 19 支参赛队集中展示了其创意节能的设计理念和建筑技术（图 6.6）；第三届中国国际太阳能十项全能竞赛于 2021 年在河北省张家口市张北县德胜村举办，来自全球 10 个国家的 29 所高校组成的 15 支队伍参赛，在 20 天时间内搭建了 15 栋以清洁能源为发电来源的绿色建筑。

比赛推进了绿色建筑的发展，增强了人们的环保意识，促进了相关技术的创新发展和商业化推广。

图 6.6　第二届中国国际太阳能十项全能竞赛一等奖作品《长屋计划》（华南理工大学-都灵理工大学联队）
（资料来源：王奕程，赵一平，许安江，等 . 长屋计划，德州，中国 [J]. 世界建筑，2019（1）：110 - 113）

6.2　国外空间建构实践

《长屋计划》

6.2.1　构筑物搭建实践

1. 纸桥

日本建筑师坂茂为 2014 年普利兹克奖获得者，他善于使用容易得到的、便宜的、可以循环利用的建筑材料，如硬纸管、竹子、泥砖和橡胶树等。因此在建筑界坂茂也以敢于大胆使用最廉价、最脆弱的材料而闻名。

2006 年，坂茂在法国南部以纸为主要材料设计了一座纸桥（图 6.7），该桥靠近法国南部尼姆附近的世界遗产罗马式水渠嘉德水道桥（Pont du Gard）。因此，结合自然和人文环境背景，以及根据场地情况和结构合理性，坂茂选择了拱桥这一形式。在材料上，嘉德水道桥由坚硬沉重且耐久的石头建成，而纸桥则由轻质貌似易损坏的纸管建成，两者之间形成了强烈的反差；与此同时，因为纸桥的几何形状使用了与嘉德水道桥相同的弧度而使两者之间又存在和谐共生的关系。

图 6.7　建筑师坂茂设计的纸桥

（资料来源：http：//www. shigerubanarchitects. com/works/2007 _ paper－bridge/index. html）

2. "蒸汽朋克"展亭

2019 塔林建筑双年展于 2019 年 9 月在爱沙尼亚首都塔林市举办，活动期间评选出获胜作品——"蒸汽朋克"展亭，该展亭由 Gwyllim Jahn、Cameron Newnham（Fologram）、Soomeen Hahm（Design）及 Igor Pantic 联合设计。该展亭由蒸汽弯曲木材组成，并且使用数字技术提高了设计的精确度（图 6.8）。

图 6.8　"蒸汽朋克"展亭

（资料来源：https：//www. archdaily. cn/cn/926852/zheng-qi-peng-ke-zhan-ting-gwyllim-jahn-and-cameron-newnham-plus-soomeen-hahm-design-plus-igor-pantic? ad_name＝article_cn_redirect＝popup，2019-10-27）

6.2.2　建筑物搭建探索

1. 国际太阳能十项全能竞赛

国际太阳能十项全能竞赛（Solar Decathlon，SD）是由美国能源部发起并主办的，以全球高校为参赛单位的太阳能建筑科技竞赛（图6.9）。借助世界顶尖研发、设计团队的技术与创意，将太阳能、节能与建筑设计以一体化的新方式紧密结合，设计、建造并运行一座功能完善、舒适、宜居、具有可持续性发展的太阳能住宅。国际太阳能十项全能竞赛的本意，是希望通过竞赛加快太阳能产业的产学研融合与交流，推进太阳能技术的创新发展和深度应用。竞赛期间，太阳能住宅的所有运行能量完全由太阳能设备供给。大赛将全面考核每个参赛作品的节能、建筑物理环境调控及能源自给的能力，通过十个单项评比确定最终排名，因此称为"十项全能"竞赛。2002—2018年之间，国际太阳能十项全能竞赛在美国和欧洲成功举办了十三次，吸引了近百所大学参加比赛，体现了参赛队所在国家或地区太阳能行业的科研和应用水平，是各国展示自身新能源技术与节能减排成果的良好机会。2007年国际太阳能十项全能竞赛由德国达姆施塔特工业大学获得一等奖（图6.10）。

国际太阳能十项全能竞赛

图 6.9　国际太阳能十项全能竞赛

（资料来源：https：//www.solardecathlon.gov/past2009/pdfs/2009_visitors_guide.pdf）

2007年国际太阳能十项全能竞赛一等奖作品（德国达姆施塔特工业大学）

图 6.10　2007 年国际太阳能十项全能竞赛一等奖作品（德国达姆施塔特工业大学）

（资料来源：https：//www.solardecathlon.tu-darmstadt.de/media/solardecathlon/pdfs_1/holzbaupreis_08.pdf）

2. 日本建筑师坂茂设计的临时建筑

2011 年 2 月一场里氏 6.3 级地震对新西兰基督城大教堂造成了严重破坏，基督城大教堂是这个城市的地标性建筑，也是这里的精神象征。日本建筑师坂茂应用等长的纸管和 20 英尺（1 英尺＝0.3048 米）长的集装箱作为主要材料，为这座城市设计了临时大教堂（图 6.11）。由于临时大教堂的几何形状由原始大教堂的平面和立面所决定，因此纸管的每个角度都会逐渐变化。这座大教堂可容纳 700 人，可用作临时性的公共活动空间。

建筑师坂茂设计的临时大教堂

图 6.11　建筑师坂茂设计的临时大教堂

（资料来源：http://www.shigerubanarchitects.com/works/2013_cardboard-cathedral/index.html）

本 章 小 结

　　本章结合实体空间建构的理论研究、教学探索及设计实践，将国内外的建筑物与构筑物实体空间建构典型案例加以介绍，希望能在培养专业素养及了解相关资讯的同时，拓展生成实体空间建构方案的设计思维。

思 考 题

1. 按所学内容，概述实体空间建构的操作步骤。
2. 结合本章实践项目，体会实体空间建构的全周期设计理念。
3. 查找资料，找出 3～5 个实体空间建构实例并进行分析。

第7章
数字空间建构概述

思维导图

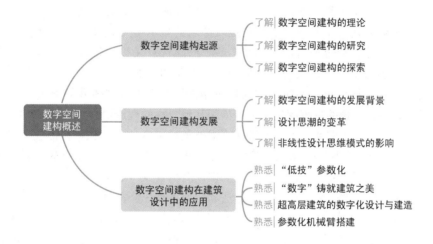

数字空间建构概述
- 数字空间建构起源
  - 了解 | 数字空间建构的理论
  - 了解 | 数字空间建构的研究
  - 了解 | 数字空间建构的探索
- 数字空间建构发展
  - 了解 | 数字空间建构的发展背景
  - 了解 | 设计思潮的变革
  - 了解 | 非线性设计思维模式的影响
- 数字空间建构在建筑设计中的应用
  - 熟悉 | "低技"参数化
  - 熟悉 | "数字"铸就建筑之美
  - 熟悉 | 超高层建筑的数字化设计与建造
  - 熟悉 | 参数化机械臂搭建

21世纪以来，在数字技术和信息技术大发展的推动下，人们的思维方式、生产技术发生了根本性的变革，一种全新的数字范式出现在设计领域。这些新兴技术对传统的建筑理论发起了冲击，促使建筑理论、建筑设计、建造方式、评价标准发生了重大变革。数字技术从方方面面控制着具体的过程，设计、表现、建造、评价从不同的系统共同决定着建筑本身。同时，社会文化也受到"后人文主义"的冲击，数字化建造如何与建筑相匹配，是我们即将或正在面临的问题。

今天，随着数字技术的发展，建筑设计及建造手段也正经历着巨大的革新。随着各种数控机床及机器人的出现，数字技术已经从单纯的计算机辅助设计（CAD）发展为计算机辅助建造（CAM），尽管各种数字化建造工艺还并不十分成熟，但其发展前景十分可观。在这样的时代背景下，各建筑院校也都在强调数字技术在建筑学领域中的应用。数字化建造技术作为设计师数字化设计的载体之一，建造实际上承担了实体呈现方式能否证明数字化设计和建造方法可行性的重任。因此，很多数字化设计教学都结合建造教学的形式展开，形成"数字＋建造"的设计实验模式。本章通过对数字空间建构向数字化建造转化的过程进行梳理、分析，以期探讨在数字技术语境下建造教学可能的发展方向及合理的组织形式。

7.1 数字空间建构起源

7.1.1 数字空间建构的理论

数字化建造，是指在计算机中以数字化的方式建立数字化模型，确定数字化的建造计划，选取数字化的建造技术，并实现虚拟建造的设计方式。在数字化建造中，"数字化"作为贯穿始终的设计方法，同时对建造方法、操作对象的作用流程进行控制，从而制订可行的建造计划。

在当前背景下，建筑既可能不再为人类设计，甚至也可能不再被人类设计。对于前者，我们可以在当代社会中找到更多的实例，如新的经济运转模式下对于数据传输和储存速度的迫切需求，使得出现越来越多的专门用来储存服务器的建筑物。对于后者，人工智能设计工具及机器人建造工具的发展已经越发清晰地显示出无人环境下自动化设计、建造建筑物的可能性。这些趋势或可能性都在本质上向建构意义提出挑战。建构也可能演化成一种超越人类感知与认知，却又与人类栖居息息相关的形式。这种建构形式由复合的人机协作主体所创造，同样也可能在复合的人机协作主体下产生身体体验与栖居意义。

早期对于数字化建筑的理论阐述大多是借用其他学科的理论概念。21世纪初，数字化建筑实践远超理论并反过来推动了理论的发展。国外经过丰富的实践积累，形成了经典的具有指导意义的理论论著，其中一部分研究侧重于数字化设计方法，另一部分研究则注重计算机在形体生成过程中起到的突出作用。代表性的理论有格雷戈·林恩的图解思想、尼尔·林奇的数字建构思想倡导的"数字建构"设计方法和帕德里克·舒马赫的参数化主义理论。

21世纪，国内学者在引入西方理论的同时不断深入发展，研究视角逐渐多元化，部分研究在实践基础上对参数化设计方法论进行诠释并提出针对性策略。当代中国关于数字空间建构向数字化建造转化的研究，由于研究者较为集中，且研究起步较晚，而同济大学袁烽教授对数字化建造有着较为前沿的学术研究，较能体现国内研究的前沿趋势，因此本书对其进行个案研究，并对其理论研究、实践案例进行梳理分析，以期探析中国当代数字化建造研究的大致脉络。袁烽教授在实践基础上，从数字空间建构、数字化建造辨析层面，提出应对建筑化设计、建造逻辑的转化进行深入研究。

7.1.2 数字空间建构的研究

目前，关于数字空间建构的基础理论研究已经日趋成熟，但关于数字化建造的研究仍然受到传统设计及建造思维的限制。袁烽教授主张数字化时代的建筑应"基于形式但又高于形式，崇尚且创新建造"。他首先从实践中归纳，进行传统地域性建筑材料数字空间构建研究，随后又转向数字化建造研究。

技术层面，通过对数字化编程向数字化建造的转化和数字空间建构向数字化建造的转化两方面的研究，分别阐释了数字化建造的设计和建造。

设计层面，2013年，在数字化编程应用于数字建造的基础上，袁烽教授提出模块化建造是数字化设计、生产技术和建筑产业化结合的有效途径，并从理论层面阐述了其优化方案、基本思路和工作方法。2017 年至今，袁烽教授研究了图解思维与数字化建造之间的联系，阐述了性能化设计导向下数字化建造的设计流程，提出了网络化信息协同和高度性能化定制将成为建筑学数字化未来的核心。

建造层面，数字化建造是传统建构走向未来的手段。数字空间建构在实现手法和工艺层面实现向数字化建造过渡。此前，研究者普遍忽略形式，聚焦"算法技术"，专注设计与建造流程。基于现阶段国情，在多维逻辑的思考下，袁烽教授转变高技追求为数字化建造与低技术手工结合，以实现数字技术与传统建造的有机结合，从而形成产业化发展。继而，袁烽教授探索"人机协作"模式，对传统材料进行数字化控制，一方面继承传统建构文化，另一方面满足我国定制化建筑的产业需求。

研究者对于数字化建造与数字空间建构辩证关系的探究，主要关注于建构的"自主性"反映的人文价值。自主性建构提出了建筑的在地性、文化性和实施性，以及与数字建构、建筑几何和性能美学等设计方法的结合，探索了建筑学理论融入社会生产体系的途径。以上研究是后人文建构思想出现的理论基础，是研究者在技术、理论层面数字化建造进步过程中基于多维思考的带有折中色彩的人文反思，完全自主的状态只存在于理论和艺术领域，半自主状态才是推进实践的最佳状态。

通过梳理袁烽教授关于数字空间建构与数字化建造过渡的理论研究，可以大致了解国内关于该议题的研究情况。我国的数字化建筑经历了实践先行反推技术理论的发展历程，提出了数字化建造的新范式。研究者的研究态度日益理性，对于数字化建筑的关注点由纯粹的科技进步拓展至数字化建造技术与国情、形式、性能、文脉等多方面的联系，并显现"人机协作"的发展倾向。结合中国业界数字化建筑的研究环境，可以预见中国数字化建筑研究将关注建筑学与社会学、文化人类学的结合，并引发社会伦理范式的变革性发展。

7.1.3　数字空间建构的探索

2020 年，袁烽教授等研究者基于建筑数字性与建构性提出后人文建构，从后人文主义视角解答了数字化建造建构形式的内在文化本质问题，主张将建构转化为一种具有外在关联性的机体——由复合的人机协作创造并产生空间体验与栖居意义，而不局限于人类感知，却与人类栖居息息相关的建构形式。

在后人文时代语境下，当代建筑智慧建造的探索也愈发关注对于人文主义思想的再思考和再传承，并逐步实现从建筑设计到建筑建造的全链条集成。当前数字空间建构与数字化建造所达到的阶段性成果——后人文建构理论，关注超越狭义的、以人为本的伦理问题，其所关注的生存也不再局限于人的生存。后人文建构理论颠覆了传统的"建构意义"的"人本"视角，而采用"物本"视角诠释数字化建造的本源。

7.2　数字空间建构的发展

7.2.1　数字空间建构的发展背景

当今时代，科学技术的进步拓展了人们的视野，边缘性学科、横断性学科和综合性学科之间的相互渗透与融合使得人类的知识领域呈现出从分析走向综合的发展趋势。建筑已不再是单纯的具有某种功能的使用空间，建筑创作也不仅仅是提供最终产品的工程设计，而是一个集日常使用、虚拟展示、数字体验、多元化交流于一体，涉及计算机技术、数字艺术、当代哲学甚至社会伦理的复杂过程。建筑学在保有其自足性、单向性和选择性的同时，也获得了混融性、多样性与开放性的发展契机。基于复杂性哲学观念的创作视域，当代建筑设计与建造领域发生了深刻的变革。

但同时，也不能否认学术界仍存在对数字化建筑设计理念的认知滞后，部分业内人士单纯视建筑数字化为继20世纪90年代计算机扫盲式"甩图板运动"之后的技术革新。建筑师们在数字造型方法同传统造型方法之间的一些认识上的隔阂并未消除，其问题在于建筑数字化起源于一种虚拟媒介中的造型模拟，强大的数字造型能力本身并不能赋予它一种逻辑上的合理性。

近年来，国内外建筑院校关于数字化建筑设计的教学实践已开展得如火如荼，并开设了各自的数字化研究课题，甚至衍生出各种流派及理论。中国内地也出现了首批以建筑院校为研究基地的数字化创作团队，如清华大学徐卫国工作室、西安建筑科技大学替木工作室、同济大学数字设计研究中心、华南理工大学竖梁社、湖南大学数字建筑实验室等，这些建筑院校以多种形式开设了与数字技术相关的建筑设计课程，建筑学专业开始将对数字化设计与数字化建造的研究纳入主干设计课程的教学中，一时间关于数字化设计与数字化建造的专著也大量涌现。

7.2.2　设计思潮的变革

"数字化时代"从出现到发展至今经历的时间并不长，但其对建筑设计领域带来的影响却不可小视。从人们最直观的视觉体验到对其性能的大加赞叹，从数字化时代建筑设计中单一的工具化设计到智能参数化设计，建筑的各个方面都在受其影响。

20世纪，全球范围迎来了一场声势浩大的建筑学派运动——现代主义建筑。建筑设计师们试图努力挣脱传统而古老的建筑语汇的约束与限制，勇敢创造具有鲜明时代特征、理性而又全新的建筑范式。当时社会生产力水平给现代主义建筑的发展提供了合适的温床，加上工业革命的到来，现代主义建筑更加具备其发展的条件，最后现代主义建筑成为时代的主流建筑运动。现代主义建筑大师勒·柯布西耶在其著作《走向新建筑》中阐述住宅建筑即"居住的机器"。透过现代主义建筑作品可以得出，式样统一及稳定和谐形成的线性古典美感，这一规律依旧是评判建筑形态好与坏的标准，但是在这种时代印记的映射下也造成建筑形态千篇一律、多城一面、缺乏生机活力。与此同时，我们城市的精神涵养和地域情怀也严重缺失。

随着时代的推移，很多人开始质疑现代主义建筑，并且大胆尝试去改变它。因此，新的建筑学派和建筑理论如同雨后春笋般涌现。20世纪80年代中期，美国建筑大师彼得·艾森曼和伯纳德·屈米结合当代法国哲学家雅克·德里达的解构哲学"deconstruction"，即"后结构主义"或者"解构主义"思想进行建筑设计创作。解构主义在对现代主义思潮框架给予批判的同时，理性地继承并发扬其优点，通过运用现代主义手法及语言形式，从逻辑上否定传统建筑设计原则（美学、力学、功能）而获取新的意义。

复杂性科学（Complexity Sciences）兴起于 20 世纪 80 年代，是系统科学发展的新阶段，也是当代科学发展的前沿领域之一。复杂性科学研究的发展，不但促使自然科学产生变革，还深深渗透到哲学、几何学、人文科学、建筑学等领域。斯蒂芬·威廉·霍金称"21 世纪将是复杂性科学的世纪"。在这种大环境影响下，一些先锋建筑师把复杂性科学理论贯穿并运用于建筑设计创作当中，结果我们看到了一种新颖而独特的建筑形态体征，没有秉承欧几里得传统空间语言形式，建筑的形体空间充满动态且呈流体性——非线性建筑形态。复杂性科学冲破了线性科学对人类思维的束缚，在与欧几里得数学体系博弈的过程中，模糊理论、混沌学、耗散结构理论、非标准数学分析等学科陆续成熟，告诉人类不仅只有传统形式才能达到平衡稳定。当非平衡状态的、动态有序的、稳定的结构出现在人们面前时，也有力地证明了复杂性是自然界任何事物结构本质的一种常规形态，复杂性本身就具有自由流动的连续性。建筑的空间形态在复杂性科学的影响下，慢慢地突破了欧几里得几何法则的桎梏，形成了一种全新的设计思维模式——非线性设计思维模式。

7.2.3　非线性设计思维模式的影响

在非线性设计思维模式的影响下，非线性形态渗透到设计的各个领域，不仅涵盖建筑设计及景观设计领域，而且涵盖室内设计、家具设计、服装设计、工业产品设计等多个领域。我们正处于一个飞速发展的数字化时代，计算机数字技术的进步拓宽了人们的视野。现在每个学科都离不开计算机技术，其在各学科的相互渗透与融合之间架起了一座无形的桥梁，人类的知识领域随着这一伟大变革呈现出从分析走向综合的发展态势。设计师在运用非线性设计思维模式的同时也在运用计算机数字技术，借助数字化软件模拟生成复杂的形态，并凭借数字化设备和技术来实现它们的数字化建造。

解构主义的核心思想打破了欧几里得传统空间的局限，其建筑形态与现代主义建筑大相径庭，相比现代主义建筑强调的水平、垂直或简单集合形体而言，解构主义则倾向于运用相贯、反转、回转、反中心等形变表现手法来设计生成无规则且富有动感的空间形态。

7.3　数字空间建构在建筑设计中的应用

在中国，建筑产业在国民经济中的支柱作用越来越显著，尤其是加入世界贸易组织之后，国内引入了各类设计团队及新型科学技术来辅助大规模建筑开发。数字化建筑成为建筑领域新时代的标志。BIM 理念的广泛传播，让国内各类甲方单位及设计院所掀起了一次数字化热潮，尤其是近年来，一线城市涌现出各类大规模的复杂性建筑，如国家体育场（鸟巢）、国家游泳中心（水立方）、广州大剧院、上海中心大厦等。一些先锋建筑事务所数字化建筑的落成，打破了以往国外公司设计、国内公司施工的介入式数字化设计模式，如 HHD_FUN 事务所自主设计及建造的日照建筑群、北京市建筑设计研究院主持设计及施工的凤凰国际传媒中心，实现了真正意义上的自主式数字化设计与建造。随着建筑师及相关学者对数字化建筑与建造技术的不断探索和学习，越来越多的数字化建筑将会在国内落成。

7.3.1 "低技"参数化

山东日照山海天阳光海岸公共服务设施（图 7.1）散布在约 1.5km 长的海岸公园里，由 11 个单体建筑组成。建筑主要以波浪形曲线形态为原型，因地制宜地坐落于基地上。单体建筑的大小及其走向按照建筑的功能需求确定。这个项目是对参数化设计的初步尝试，是一种"低技施工"的参数化项目。日照山海天阳光海岸公共服务设施北区由公共淋浴、洗手间及便利店组成。功能相对复杂的游客中心被设置于海洋馆的原址上。

日照山海天阳光海岸公共服务设施鸟瞰效果图

图 7.1 日照山海天阳光海岸公共服务设施鸟瞰效果图
（资料来源：赵明成．建筑数字化设计与建造研究［D］．长沙：湖南大学，2013）

建筑体量大小和不同功能作为控制其开放程度的依据，实现了一系列"变形"。有些是独立的商店，有些是与地下功能相结合的集采光、通风于一体的公共空间。这些"变形"是以简单的 L 形或双曲抛物面（直纹曲面中的一种）单元体为雏形，组合在一起形成全新的组织形式，从而衍生出一系列基于几何演化的空间形态（图 7.2）。北区单体屋顶曲面以中心对称的方式布置两个直纹曲面，再以倒角的方式将其连接在一起，使得幕墙龙骨和幕墙杆件都是"直线—圆弧—直线"的线性几何形态，方便施工和定位，降低了幕墙加工和施工的复杂程度，从而节省了工程造价。但双曲抛物面经三角剖分所形成的三角玻璃板部分还有待改进。

该建筑的结构设计采用了先进的计算机几何取形技术及分析设计软件共享几何信息技术，通过对多种不同结构方案进行比较，最终提出最优结构方案。设计从结构定位开始，通过"直线—圆弧—直线"的空间拱和拱之间双直纹曲面内直线檩条确定最终建筑的完成曲面。为了减少二次结构设计，结构杆件的位置、建筑、结构都通过三维的设计、协调和精确位置，达到与幕墙及外部装修统一（图 7.3、图 7.4）。

在我国"低技施工"的条件下，对施工规则和流程清晰操控的作用远大于出具大量精准的几何信息，如三维定位点和物件尺寸等。几何规则的简单清晰，可以有效地指导施工人员对现场各种突发情况的判断和调整，大量地标注复杂的空间定位点反而容易造成多米诺骨牌式的连锁反应。

7.3.2 "数字"铸就建筑之美

凤凰国际传媒中心是一个集电视节目制作、办公、商业等多种功能于一体的综合性建

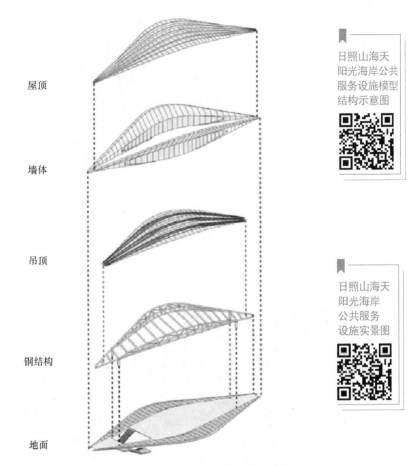

屋顶

墙体

吊顶

钢结构

地面

日照山海天
阳光海岸公共
服务设施模型
结构示意图

日照山海天
阳光海岸
公共服务
设施实景图

图 7.2　日照山海天阳光海岸公共服务设施模型结构示意图

（资料来源：赵明成．建筑数字化设计与建造研究［D］．长沙：湖南大学，2013）

图 7.3　日照山海天阳光海岸公共服务设施实景图

（资料来源：赵明成．建筑数字化设计与建造研究［D］．长沙：湖南大学，2013）

筑，被意大利知名网站 Designboom 评为 2011 年世界十大文化建筑。"莫比乌斯环"是个
经典的数学模型，恰好体现了凤凰国际传媒中心所推崇的阴阳相生及中西、古今文化融合
的理念，独特的建筑形态与朝阳公园周围景观有机结合为一体。源自"莫比乌斯环"的设

图 7.4　日照山海天阳光海岸公共服务设施细部

（资料来源：赵明成．建筑数字化设计与建造研究［D］．长沙：湖南大学，2013）

计概念使得设计方案面对许多新挑战，引入数字技术深化设计成为设计团队必然的选择。凤凰国际传媒中心外景效果图如图 7.5 所示，其内部效果图如图 7.6 所示。

图 7.5　凤凰国际传媒中心外景效果图

（资料来源：http：//www.sohu.com/a/274338515_99920916）

　　凤凰国际传媒中心的特殊形态要求设计者必须先建立能够进行空间精确定位的三维基准线，以符合结构安全、材料的合理尺寸、人体的活动尺度及视觉美学等多方面因素的要求，从而确定建筑的水平和垂直方向及一些特定方向的形态。三维基准线对于复杂形体的设计深化具有十分重要的技术价值，是空间建构的基准"坐标"。在凤凰国际传媒中心钢结构设计中，建筑师与结构工程师密切配合，设计构想了一种具有特殊表现力的交叉状曲面网壳结构。双向结构肋（图 7.7）之间为杆状偏心连接，以形成主次肋内外分离的空腔，用来设置外幕墙系统，从而使内外结构肋分别成为外表皮和室内空间的多功能装饰构件。钢结构极强的可塑性实现了其他建筑材料难以实现的三维曲面形体。图 7.8 所示为屋盖网壳钢结构。

　　凤凰国际传媒中心的外表皮（图 7.9）考虑到了成本控制需求，对设计进行了进一步技术优化，采用了鳞片状组合式幕墙单元，与交错的主次肋钢结构包裹出"魔环"的体型。项目结构信息的输入与输出，主要依靠引入三维建筑信息模型及参数化编程控制技术，从而实现常规技术无法实现的文件数据传递。

图 7.6 凤凰国际传媒中心内部效果图

（资料来源：周泽渥. 凤凰国际传媒中心的数字化设计与建造 [J]. 土木建筑工程信息技术，20124（4）：64－68）

图 7.7 凤凰国际传媒中心双向结构肋施工现场

（资料来源：邵韦平. 凤凰国际传媒中心建筑创作及技术美学表现 [J]. 世界建筑，2012（11）：84－93）

数字化建造技术在工程中的运用：由于凤凰国际传媒中心在某些系统中采用了数字化设计技术与数字化加工技术的对接，极大地提高了设计产品的精度和对生产复杂异形产品的控制。图 7.10 所示为凤凰国际传媒中心施工鸟瞰图。

凤凰国际传媒中心钢结构外壳由环绕蜿蜒的主肋和次肋交织而成，每根钢构件的造型和扭曲程度都不相同。设计团队不仅建立了精确的三维 BIM 模型，而且通过计算机编程为每一个构件建立了详细的数据库，包含长度、曲率、定位点坐标等。这样，在创建好钢结构的控制模型之后，便可直接将三维模型及数据库提供给厂家用于二次深化设计。当建筑模型改变时，数据库信息会自动更新，充分发挥了数字技术的智能化优势。厂家在计算机中将每一根钢构件按照加工长度分段，并借助专业软件将钢结构曲面展开为易于生产的平面形式。展开后的平面在计算机中被赋予厚度信息，并计算出每块钢板边缘的斜切角度，从而保证钢板在弯曲之后能够完好地拼接。

屋盖网壳钢结构

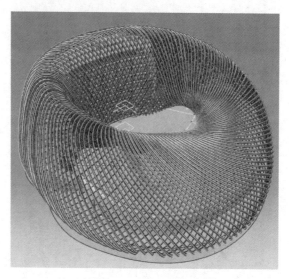

图 7.8　屋盖网壳钢结构

（资料来源：邵韦平. 凤凰国际传媒中心建筑创作及技术美学表现 ［J］. 世界建筑，2012（11）：84 - 93）

凤凰国际
传媒中心
外表皮

图 7.9　凤凰国际传媒中心外表皮

（资料来源：赵明成. 建筑数字化设计与建造研究 ［D］. 湖南大学硕士学位论文，2013）

在基于参数化的凤凰国际传媒中心设计实践中，幕墙与钢结构均为非标准化加工建造。3180 个幕墙单元各不相同，且每个单元由 30 多个不同尺寸的铝合金构件组成，所有幕墙单元构件的数量超过了 9 万个。整个玻璃幕墙随着外壳缓慢变化，相邻幕墙单元看似相同，但实际上每个构件只能用在自己的位置，如果一个构件生产或安装出现错误就会带来一系列的连锁反应。建筑师在建筑模型参数化生成阶段，通过编程为每个幕墙单元生成了唯一的编号，并依据编号管理每个幕墙的参数信息，还将 BIM 模型和数据库提供给生产厂家，生产厂家再在其基础上依据生产工序进行更加深入的二次翻样设计。生产厂家采用与设计团队同样的软件程序，可以自动完成幕墙加工信息的提取工作，生成详细的加工参数表，极大地提高了施工效率，也减少了信息转化过程中的误差。

图 7.10 凤凰国际传媒中心施工鸟瞰图

（资料来源：邵韦平. 凤凰国际传媒中心 ［J］. 建筑技艺，2012（5）：118－125）

7.3.3 超高层建筑的数字化设计与建造

上海中心大厦由美国 Gensler 建筑设计事务所设计，来自美国的 TT 结构师事务所和 Cosentini 机电顾问公司分别负责本项目的结构和机电扩初设计工作。其设计高度超过附近的上海环球金融中心，成为目前中国第一高楼，并成为目前世界最高的双层表皮超高层建筑。同时，它和 SOM 建筑设计事务所设计的金茂大厦及 KPF 建筑事务所设计的上海环球金融中心共同组成陆家嘴的超高层群落，重塑了上海陆家嘴天际线（图 7.11）。

图 7.11 上海陆家嘴天际线

（资料来源：杨溢. 城市化背景下政府对城市综合体发展的对策研究 ［D］. 苏州：苏州大学，2018）

上海中心大厦建成后建筑主体为地上 127 层，地下 5 层，总高 632m，整个建筑体量为收分加轴向扭曲，建筑具有双层表皮，断面形态分别为圆角、三角形和圆形，表皮之间形成内腔，作为建筑的边庭空间。塔楼自下而上形成 9 个分区，每个分区设置 12～15 个楼层。内外表皮之间形成 21 个新月形中庭。通过风洞试验检测，上海中心大厦的这种形态对小间荷载具有积极作用，然而要使这样一座异形建筑得以建造实施，依然是个巨大的挑战。上海中心大厦所采用的数字化设计技术跨越多个领域，借鉴并整合了当今计算机技术在建筑领域的最新成果。基于数字化平台的"性能化设计"（Performance-Based Design，PBD）帮助建筑师和设计顾问对关键的性能指标进行把关，全面整合的 BIM 技术则帮助设计团队快速完成技术文件出图。对于施工阶段的上海中心大厦，工厂级的 BIM 技术协助施工总包单位完成了基于数字化平台的施工模拟和预判。这一跨专业和跨软件的整合，使建筑师、业主、设计顾问和施工单位之间的数字合作踏上了新的征程。图 7.12 所示为上海中心大厦鸟瞰图。

上海中心大厦鸟瞰图

图 7.12　上海中心大厦鸟瞰图

（资料来源：http://www.163.com/dy/article/GG2LO78A0532UF20.html）

借助参数化软件建立的逻辑模型，设计团队可以迭代式操作和定义项目的复杂几何。参数化设计平台在定义塔楼独特的环境响应型高性能造型、外表皮和支撑结构的过程中发挥了关键作用。这一过程采用的参数化软件包括初始阶段采用的 Generative Components 软件和之后大量运用的基于 Rhino 软件平台的参数化插件 Grasshopper 软件（图 7.13、图 7.14）。

上海中心大厦的外层幕墙平面为带圆角（其中一个圆角有一个切口）的等边三角形，而其垂直外形呈螺旋状收分上升，这意味着大楼的每个楼层均保持了几乎相同的几何外形，但是逐层扭转缩小。因此，从几何学的角度对塔楼的扭转和收分这两种主要的运动方式进行准确的描述，其几何生成的过程理论上可以被称为生成算法。根据设定的算法在参数化软件中建立关联性模型，由计算机自动完成复杂的运算，创建起一个整合了建筑结构和表皮的关联模型。这一步的工作包括定义二维几何、三维几何的生成规则。在参数化软

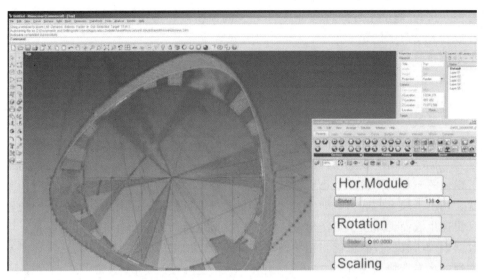

图 7.13　上海中心大厦设计过程中 Grasshopper 软件的运用
（资料来源：http://www.sohu.com/a/211489623_717958）

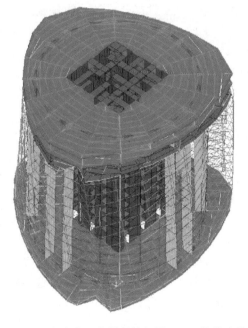

上海中心大厦设计过程中Grasshopper软件的运用

上海中心大厦设计运用Rhino软件建模

图 7.14　上海中心大厦设计运用 Rhino 软件建模
（资料来源：http://www.sohu.com/a/211489623_717958）

件里，算法本身不断被优化，直到最快速、最直接地找到需要的信息。输入参数也被限定在最小范围，比如最主要的扭转、收分等，通过这些关键的参数就可以对模型进行从总体到局部的动态调整。通过参数建模研究和物理测试建立一些原型后，将不同扭转角度（90°～180°）的测试方案交给工程师进行风洞试验。大厦 1∶500 的物理模型在加拿大国家研究院的风洞内进行了一系列的测试。测试结果表明，扭转和收分的设计能大幅度减少作用在塔楼表面的风荷载（相对于普通的高层建筑而言，风荷载是超高层建筑结构设计的决定因素之一），经测试本方案将减少高达 32％的风荷载，直接体现在结构造价的节约上，预估可节省人民币 4 亿元。

在使用几何学方法分析了大楼的初始模型后，更多、更详细的控制参数加入参数化模型中。例如，在外层幕墙的分割方式和参数控制方面，为了尽可能减少幕墙单元板的类型，设计团队应用参数化进行计算，将 25000 多片、共计约 13 万平方米的外层幕墙设定为最佳的单元板尺寸，从而保证最通透的视野，同时便于工厂加工；用于形成中庭空间的幕墙支撑结构也具有高度重复的特征。将钢结构的规格和控制点输入参数化模型中，只需要设定一个标准层的生成规则，就能同步生成所有楼层的幕墙支撑结构。尽管不同楼层间采用了相似的布局，但实际上每层钢结构杆件中心线之间的夹角都不一样。此时，参数化软件就表现出了强大的威力，即使对初始控制参数进行修改，所有结构定位点和位置都可以同时快速生成而无须手工重新建模，输出的数据包括二维几何、三维几何模型，以及大量的数据表。所有的数据都能与相关顾问实时共享以推进设计的进展，真正实现了基于数字化平台的多专业协同设计。

基于数字化平台的性能化设计：对于大型公共建筑，性能正在成为决定其内在质量的关键指标，尤其表现在结构效率和可持续策略上。实际上，由于超越了规范的界定，上海中心大厦的很多关键设计问题必须基于性能化设计才能落地。

从某种意义上说，建筑师手里交出的最终产品也是图纸。Autodesk 公司提供的 Revit 软件被用来完成塔楼的大部分建筑图纸，最终的平面、剖面图纸都由 Revit 自动生成。在由 Revit 生成的 BIM 模型里，对建筑构件的任何改动都将自动反映在输出图纸上。结构和机电顾问也分别使用 Revit Structure 和 Revit MEP 建立他们的 BIM 模型，并最终整合到建筑模型中进行碰撞检测，从而避免了一些在传统的二维对图过程中很难发现的问题。对于上海中心大厦这个超复杂的项目来说，从主体建筑的技术图纸编制到多专业协同，包括设计流程的多个方面，BIM 都发挥了重大的作用。在讨论范式的转变时，工作方式和工作流程的变化是很具体的指向。通常，绘图（大量的平面、剖面、轴测图）帮助建筑师揭示建筑的内部结构和运作，现在，这一过程却是通过抽象的三维搭建来完成的。

基于 BIM 的施工建造：这套流程被称为基于数字化平台的设计、工厂、施工联动。高度信息化、数据化施工的方法保证了复杂的幕墙支撑结构和幕墙单元本身的顺利施工与安装，开创了国内钢结构施工的先河，其技术水准也是世界级的。任何现在运用的理论、方法、实践都将同时催生下一代技术的产生。毫无疑问，基于数字化平台的设计与施工日趋成熟，建筑领域的"无纸化"已经不再只是一句口号。基于互联网的移动平台才是未来的方向，上海中心大厦之上还将有更高的高度。

7.3.4　参数化机械臂搭建

现代工业机械臂快速搭建参数化砖砌体结构联动项目是英国利物浦大学建筑学院视觉与艺术中心博士生宋阳的研究课题。该项目前期通过 Rhino 与 Grasshopper 的参数化设计建模并利用算法生成构筑物，包括砖墙、砖柱等其他砖砌结构；中期利用 Kangaroo 等物理模拟插件进行结构合理性优化与稳定性测试；后期通过数字化装配插件实现对机械臂的远程工作任务布置，以及通过机械臂抓取与放置、轨道规划、定点操纵的方法实现利用工业机械臂高效、快速、精确地搭建砖砌体的目的（图 7.15）。通过完成从参数化设计到机器人搭建制造的过程，建筑师可以重新思考数字思维中的设计和制造方法。该项目有助于建筑师掌握人机协同工作、筛选数据和操作数据的技能，并有助于建筑师利用工业机械臂实现高效精确地对更复杂的参数化设计方案进行搭建。该项目利用挤塑板作为砖块研究的替代对象，并利用 Universal Robot UR10 机械臂与 Roboticq 2F‐140 机械手完成数字化装配过程。

机械臂搭建参数化砖砌体结构

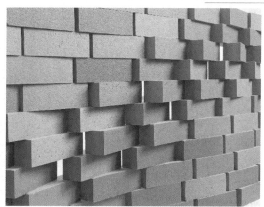
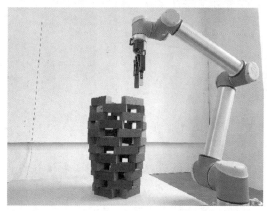

图 7.15 机械臂搭建参数化砖砌体结构
（资料来源：理查德·考克，宋阳）

本章小结

    建筑领域对数字技术或数学原理的引入，一方面是为了满足人类社会日益增长的物质文化需求；另一方面，也是对当代科学观念背景下的建筑学理论与建筑数字文化的传承与实践。数字空间建构技术激起了建筑领域对生产建造技术及数学理论的重新思考，改变了传统的建筑表现方法与手段，使建筑师对空间与形态的认知更加多元化，表达设计意向的效率及成果与意向的"拟合"都提高到空前水平。

    建筑师逐步掌握了在数理逻辑、形式探索、虚拟仿真及对整个设计和建造过程的控制协调方面的新技能。新的生产与建造技术不断实现了虚拟模型的物化存在。这场建筑数字化革命的开启已成定局，人们只有不断地接受与探索新技术、新方法，趋利避害，协同作业，才能推动建筑向多元化方向健康发展。同时，经典的设计理念与建造方法还需要传承，在此基础之上，充分运用先进的科学技术绝非对过去的盲目否定，更不是破坏传统，而是一种时代进步的客观现象，是继承过去的建筑设计理念与建筑形态，建造出以复杂性形态为特征、富有更严谨数理逻辑、依赖于数字化信息数据的新建筑。

思 考 题

    1. 与传统的空间建构相比，数字空间建构的优势与挑战有哪些？

    2. 数字空间建构的技术有哪些？

    3. 数字化建筑形态与最新的科技发展密切相关，举例说明以数字化特征为核心的代表性建筑案例的逻辑生成过程。

    4. 尝试从算法生成设计、模型优化、性能分析及虚拟建造等方面阐述建筑设计领域的数字空间建构方法。

    5. 结合本人建筑学专业学习经历与建筑课程设计，浅谈如何进行数字空间建构。

第8章
虚拟现实建构与空间建构

思维导图

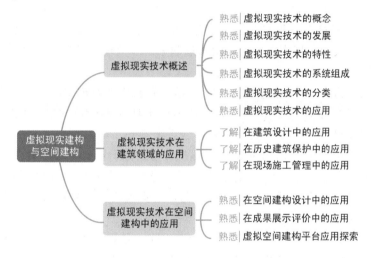

虚拟现实建构是以虚拟现实技术为基础，通过软件、硬件的相互配合构建出所追求的理想虚拟空间与环境的过程。虚拟现实建构作为空间建构的一种新兴的、独特的表现形式，以其沉浸交互、无限构想的应用特征，承载着人们对建筑领域再变革的美好愿景。

8.1　虚拟现实技术概述

8.1.1　虚拟现实技术的概念

虚拟现实（Virtual Reality，VR）技术是 20 世纪发展起来的一项全新的实用技术。虚拟现实技术涵盖计算机、电子信息、仿真技术等诸多方面，其基本实现方式是通过计算机模拟虚拟环境，从而给使用者带来前所未有的沉浸感。在 20 世纪 80 年代，"虚拟现实"这个名词由美国 VPL Research 公司的创始人之一杰伦·拉尼尔正式提出，其含义为"把客观世界中的某一局部用电子的方式模拟出来，并且能够让你进入这个局部世界，犹如身临其境；而且这种身临其境不是静态的，能随着人在其中的活动而变化"。这种技术形式也被称为虚拟灵境或人工环境。

这项新技术不同于传统文字、声音及终端视频的简单信息获取技术，它能够借助建模技术对现实环境进行模拟，并结合相关传感设备使用户获得身临其境的体验。虚拟现实系统支持如动作、语音等各种现实信息的输入来实现用户在虚拟环境下的可控性，以达到虚拟现实的效果。随着社会生产力和科学技术的不断发展，各行各业对虚拟现实技术的需求日益旺盛，这也促使对虚拟现实技术的研究取得了巨大进步，使之逐步成为一个新的科学技术领域。

8.1.2　虚拟现实技术的发展

虚拟现实技术自 20 世纪 30 年代在科学幻想小说中就有所提及，直到 50 年代中期，美国摄影师摩登·海里戈发明的第一台虚拟现实设备：Sensorama（1962 年提交专利），虚拟现实技术正式成为了现实，并不断地发展起来。虚拟现实设备的发展大致可以划分为以下四个阶段。

第一阶段，是指 1963 年之前，进行有声音、形态的动态模拟与尝试，其中蕴涵着虚拟现实的思想。1929 年，爱德华·林克设计出用于训练飞行员的简单机械飞行模拟器；1956 年，摩登·海里戈开发出多通道仿真体验系统 Sensorama。

第二阶段，是指 1963—1972 年间，虚拟现实技术处于发展的萌芽期。1965 年，"虚拟现实之父"伊万·萨瑟兰发表了一篇名为《终极显示》的论文，探讨虚拟现实的应用形式；1968 年，伊万·萨瑟兰成功研制了带跟踪器的头盔式立体显示器（HMD）；1972 年，美国工程师诺兰·布什内尔开发出第一个交互式电子游戏 Pong。

虚拟现实技术的发展

第三阶段，是指 1973—1989 年间，是虚拟现实概念的产生和理论初步形成阶段。1977 年，丹·沙丁等研制出数据手套 SayreGlove；1984 年，美国国家航空航天局（NASA）下属的艾姆斯（AMES）研究中心开发出用于火星探测的虚拟环境视觉显示器；1984 年，VPL 公司的杰伦·拉尼尔首次提出"虚拟现实"的概念；1987 年，吉姆·汉弗莱斯设计了双目全方位监视器（BOOM）的最早原型。

第四阶段，是指 1990 年至今，是虚拟现实理论进一步完善和应用阶段。1990 年，提出虚拟现实技术包括三维图形生成技术、多传感器交互技术和高分辨率显示技术；VPL 公司开发出第一套传感手套 DataGloves，第一套 HMD "EyePhoncs"；21 世纪以来，虚拟现实技术高速发展，软件开发系统不断完善，有代表性的如 MultiGen Vega、Open Scene Graph、Virtools 等。

8.1.3　虚拟现实技术的特性

虚拟现实技术以沉浸性（Immersion）、交互性（Interaction）和想象性（Imagination）为主要特征。

沉浸性是虚拟现实技术最主要的特征，就是让用户成为并感受到自己是计算机系统所创造环境中的一部分。虚拟现实技术的沉浸性取决于用户的感知系统，当使用者感知到虚拟世界的刺激时，包括触觉、味觉、嗅觉、运动感知等，便会产生思维共鸣，形成在生理与心理上的双重沉浸和如同进入真实世界的主观感受。

交互性指用户对模拟环境内物体的可操作程度和从环境得到反馈的自然程度。在虚拟空间中，使用者可以与其所在的虚拟环境产生相互作用。当使用者施展某种动作或发出特定指令时，周围的虚拟环境也会相应地做出合适的反应。如在使用者接触到虚拟空间中的物体时，使用者通过设备可以接收到触感反馈；若使用者对物体有所动作，物体的位置和状态也随之改变。

想象性指虚拟环境可使用户沉浸其中并且获取新的知识，以提高感性和理性认识，从而使用户深化概念和萌发新的联想。因此可以说，虚拟现实具有启发人的创造性思维的特性。

8.1.4　虚拟现实技术的系统组成

虚拟现实系统主要包括环境、输入/输出设备和集成手段三个部分。

（1）一个能产生虚拟世界的软硬件环境是虚拟现实技术的最核心部分，该环境必须能够为用户提供大量逼真和详尽的信息，比如场景、动作、声音等。

（2）输入/输出设备是指一套能使用户与虚拟环境进行交互的设备，比如鼠标、键盘、数据手套、显示器、音响等。利用输入/输出设备，可以将虚拟环境与用户联系起来实现行为互动。

（3）集成手段是指通过统一集成技术将虚拟环境、输入/输出设备和用户端有机地连接成一体。这个部分是虚拟现实系统最终能否运行的重要条件。在这一部分当中，包括硬件之间的协调与配合技术，同时也包括软件和硬件的协同工作技术及人机交互等关键性技术。

8.1.5　虚拟现实技术的分类

虚拟现实技术一般可分为桌面式、沉浸式、增强式和分布式四类。

（1）桌面式虚拟现实技术。该技术利用个人计算机和低级工作站进行仿真，将计算机的屏幕用来作为用户观察虚拟境界的一个窗口，各种外部设备一般用来驾驭虚拟境界，并且有助于操纵在虚拟境界中的各种物体。这些外部设备包括鼠标、追踪球、力矩球等。该技术要求参与者使用位置跟踪器和另一个手控输入设备，如鼠标、追踪球等，坐在监视器前，通过计算机屏幕观察全视野的虚拟境界，并操纵其中的物体，但这时参与者缺少完全的沉浸，因为参与者仍然会受到周围现实环境的干扰。桌面式虚拟现实技术最大的特点是缺乏真实的现实体验，但是成本也相对低一些，因而应用较为广泛。常见的桌面式虚拟现实技术包括基于静态图像的虚拟现实技术、虚拟现实造型语言、桌面三维虚拟现实技术等。

（2）沉浸式虚拟现实技术。该技术利用头盔式显示器或其他设备，把参与者的视觉、听觉和其他感觉封闭起来，并提供一个新的、虚拟的感觉空间，同时利用位置跟踪器、数据手套、其他手控输入设备、声音等使参与者产生一种置身于虚拟境界之中的感觉。常见的沉浸式虚拟现实技术系统有头盔式、投影式、远程存在系统等多种形式。

（3）增强式虚拟现实技术。该技术不仅是利用虚拟现实技术来模拟现实世界、仿真现实世界，而且要利用它来增强参与者对真实环境的感受，也就是增强现实中无法感知或不方便感知的感受。这种类型虚拟现实典型的实例是战斗机飞行员的平视显示器，它可以将仪表读数和武器瞄准数据投射到安装在飞行员面前的穿透式屏幕上，这样可以使飞行员不必低头读座舱中仪表的数据，从而可集中精力盯着敌人的飞机和导航偏差。

（4）分布式虚拟现实技术。该技术指多个用户通过计算机网络连接在一起，同时参加一个虚拟空间，共同体验虚拟经历，将虚拟现实提升到了一个更高的境界。在分布式虚拟现实系统中，多个用户可通过网络对同一虚拟世界进行观察和操作，以达到协作的目标。目前，最典型的分布式虚拟现实技术主要应用于部队的仿真作战训练。

8.1.6　虚拟现实技术的应用

早在 20 世纪 70 年代，虚拟现实技术便开始用于培训宇航员。由于这是一种省钱、安全、有效的培训方法，到了 90 年代，随着处理器技术、图形学技术的快速发展，软硬件性能方面的限制得到了突破，虚拟现实技术也开始应用在如建筑、航天、军事、工程和医疗等更广泛的领域。

在建筑方面，虚拟现实技术大多用于新建筑的前期构造和历史建筑的保护两个方面。依托计算机技术进行三维建模，不仅可以在建造前就展示出房屋建成后的模样，还可以将建筑的周边环境也同时呈现。通过虚拟现实技术对历史建筑以数字化形式进行还原，为其保护、展示、管理与资源再利用提供了全新路径。在航天方面，虚拟现实技术的应用大大节省了设计者的时间、提高了飞机的产出效率，还可以通过算法计算模拟飞行器在制造前的完整行程分析，以降低实际飞行中可能遇到的风险。在军事方面，虚拟现实技术可以用于虚拟军事演习中，以低成本和现实效果最大限度地进行实战训练，从而起到提高军事战斗力、降低成本等显著效果。在医疗方面，虚拟现实技术用于诸如外科虚拟手术仿真训练、虚拟内科诊断、运动理疗与恢复、数字医院医学仿真与教学等，能够帮助训练年轻医生，最大限度地接近实际操作场景，增强学习效果。并且，应用虚拟现实技术进行操作比在实际手术中更安全、便捷，还能减轻医生的心理压力。

8.2　虚拟现实技术在建筑领域的应用

8.2.1　在建筑设计中的应用

在建筑设计中的应用

在建筑设计过程中，虚拟现实技术可以应用于其中的各个阶段。

在实地调研阶段，建筑师除了通过对项目基地实地踏勘和详细调研认知地形环境、地域文化、历史文脉等基础资料外，同时也能利用航拍基地及周边的环境获得基地及周边环境的真实资料，并以模型和视频动画的形式进行虚拟现实体验并留存。建筑设计师能够仅通过一次实地调研便随时走进虚拟现实软件平台体验并感知环境空间，有效减少了建筑设计前期调研过程中对周边环境的建模工作，同时保证了在远程调研过程中周边环境的真实性，从而有利于设计师对建筑设计方案做出更合理的评估。

　　虚拟现实技术在方案设计阶段可以使设计师与用户在虚拟世界中进行实时漫游，完成适宜现实世界的方案设计。传统的建筑设计通常采用从二维图纸到三维模型转化的方法，由于二维图纸或三维模型仅能体现建筑物的部分信息，因而一些设计缺陷常常被掩盖。将虚拟现实技术引入建筑设计中，在虚拟的环境中体验未来真实建筑物的室内外空间，能够发现在传统建筑设计过程中难以察觉的细节，提高建筑方案在设计阶段的深化程度。虚拟现实技术营造的虚拟现实空间，可以让设计师与用户进行更加直观的装饰材料、建筑材质、植物环境等细节的确定。将模型导入虚拟空间中，在虚拟空间中进行交互式的方案创作，可实现与用户实时沟通交流，以及时调整修改建筑方案模型中的设计要素，满足用户的需求。虚拟现实技术的应用在一定程度上打破了设计师与用户间的隔阂，提高了沟通效率，增强了设计师与用户对建筑方案中空间尺度、材料质感和环境营造等的感官体验。

　　在方案汇报阶段，利用虚拟现实技术所构建的虚拟现实平台进行展示与交流是一种全新的对建筑空间的全视角体验模式。这种模式打破了传统的二维 PPT 图片汇报或视频动画展示所带来的疏离感，既减少了汇报阶段的信息丢失，又能够相对准确和高效地传达设计师的设计理念。

8.2.2　在历史建筑保护中的应用

　　随着全球互联网产业的发展，各大博物馆、纪念馆都在推动线上数字展馆的建设与运营工作。虚拟现实技术的场景还原、AI（Artificial Intelligence，人工智能）虚拟形象讲解等交互形式，将线下场馆的视听内容通过数字化处理在线上呈现，打破了各个地区间的时空限制。沈阳市在"十四五"规划中，提出实施"文化＋"战略，开展历史建筑资源数据整理和"文物历史建筑可阅读工程"，实现了通过扫描二维码即可获取平台提供的历史建筑的完整信息，使游览者无须复杂操作就能够对历史建筑有更加清晰的认识。在这个信息平台上，还可以继续增加如场景交互、虚拟可视化等新兴技术展现形式，进一步丰富游览者的参与体验。

　　当前通过虚拟现实技术实现历史建筑展现主要有两种方式。第一种方式是先使用 360 度全景数码相机捕捉真实场景，再通过全景制作软件生成 360 度虚拟全景并上传到线上平台，游客可以通过计算机、手机或专业的虚拟现实设备较为方便地游览整个景区。这种方式资金投入较少，虽仅通过二维图像的三维化来实现虚拟现实展示体验，但仍可较为真实地反映外在景色。不过其缺点也较为明显，尤其是对建筑类景观来讲图像的三维真实性仍然较低，无法还原内部结构，缺少对内部结构美的体现。第二种方式则是通过数字化建模软件进行精细化三维模型建立，通过渲染或实时渲染将模型真实化，这种模式在与虚拟现实技术结合后将拥有更为广阔的前景。

　　虚拟现实技术的应用将历史建筑信息进行整合，通过精细化建模及虚拟现实技术的方式直观展示，提高了游览者对历史建筑的整体把握和信息解读的效率。虚拟现实技术能够实现景区历史建筑全景地图导览功能，能够从多个角度介绍历史建筑及建筑群的周边环境信息、建造历史和演变过程。在历史建筑遗址和翻新区域可以设立虚拟现实全景展示，还原历史建筑容貌。在石窟、壁画、彩绘和古建基址等保存环境较为苛刻的历史建筑展览中，往往很难在满足游览者的基础上对建筑进行妥善的保护，所以会限制游览者参观的区域和时间。以敦煌莫高窟为例，因壁画保存对温度、湿度等环境要求较为苛刻，游览者游览时会被限制游览路线和时间。而利用虚拟现实技术和历史建筑保护数字技术，可以在不影响建筑保护的情况下游览各处壁画，以满足游览者的游览需求，并尽量减少其对壁画的影响和破坏。

将虚拟现实技术与历史建筑保护数字技术相结合，打造历史建筑的数字化展示平台并应用于景区拥有广阔的前景。利用历史建筑保护数字技术，结合其不同时代的历史研究资料以还原当时的生活体验，可以使游览者在游览历史建筑的同时，感受中国历史文化的变迁。以北京故宫为例，游览者可以以一名侍卫或者宫女的视角感受北京故宫不同朝代的礼制文化，配合虚拟现实技术的互动性，获得更深的沉浸感。纯数字化的虚拟景区建设可以完全摆脱时间和空间的限制，让游览者自由地游览和比较不同建筑在不同时期的风格和特色。

8.2.3 在现场施工管理中的应用

虚拟现实技术可在施工现场加载虚拟的施工内容，使现场人员从平面化的数据提取转换成更为简单直观的虚拟场景信息提取，降低了在现场施工管理过程中因施工团队对图纸信息误解、数据传递失真而造成巨大损失的概率，减少了施工员反复读图识图的时间，降低了施工团队的学习成本，并能辅助监理工程师对整个项目进行管理。这项技术的运用不仅能够通过系统中标注的各类信息强调重要节点的施工注意事项，而且可以模拟施工团队从进场到完工的全流程规划，从而有利于施工现场安全管理与施工质量控制。

利用虚拟现实技术可以将工地施工现场按照 1∶1 比例进行模拟，并利用虚拟现实硬件设备完成动态漫游及交互，可以将整个建筑安全作业过程直观地展示给参训人员。参训人员可以在虚拟的建筑工程中进行各种操作，感受昼夜交替下的工程场景，也可以清晰明了地查看工程结构的每一个部件，切实规避工程施工中可能产生的风险与隐患。利用虚拟现实技术进行虚拟体验可以展现很多难搭建或者危险性很高的特殊场景，从而调动起参训人员的尝试欲望，提升其参加安全培训的兴趣，同时在此过程中不断完善的场景建设与数据分析能够为持续提升培训效果而服务。比如，呈现诸如消防火灾、高处坠落、物体打击、电力故障、脚手架倾倒及隧道逃生等多个突发状况场景，可以进一步提升参训人员的心理应变能力和应急处置能力。

虚拟场景建设不受场地限制，能最大限度地模拟真实场景下的安全事故，让工作人员在虚拟场景中进行安全体验。利用虚拟现实技术对细部节点、优秀做法进行模拟，并有针对性地对不同项目推出进一步的优化方案与策略，可以避免材料浪费，节约学习成本，提升培训效果，有利于绿色施工理念的推广。

8.3 虚拟现实技术在空间建构中的应用

8.3.1 在空间建构设计中的应用

空间建构的过程，主要目的是深刻理解材料如何形成空间，以及探究能够使空间被觉知——限定＋感知的构成方式。同时，在空间建构过程中要充分应用材料的特性及组合方式，生成对空间形式、类型与属性的认知与区分。

在空间建构过程中，首先需要对大量空间形式进行了解和调研，在构思不同的空间形式的过程中，需要对具体的目标空间进行大量学习，或找到相似案例生成的目标空间。在传统的调研过程中，需要寻找大量的空间建构案例，并且多数情况下只能基于二维的案例来进行三维角度的思考。此外，还需要对空间建构实例进行实地调研，以描绘、拍照和摄像等方式观察与记录，在观察与记录的同时对空间形式进行描述，研究光线和空间的关系，从而实现最初的空间了解与尝试。

在空间建构设计中的应用

虚拟现实技术在空间建构初步研究阶段的引入，可以实现将二维形式的观察和理解以三维形式呈现于学生面前，突破观察调研过程中空间和时间的限制，让学生有较为真实的空间体验，感受不同地点的空间建构案例与周边环境的互动及不同时间的光影变化，近距离了解空间建构方式。

在传统的空间建构设计中，需要大量实体模型的手工搭建，还需要对空间体验、声光环境、搭建结构和方式进行大量验证，而且这些验证存在较大的局限性，实践证明很多验证在后期真实尺度的空间建构上仍具有较大差异。而虚拟现实技术在空间建构方案设计阶段便可以实现将现有的小型实体模型进行放大，在节约材料和加快方案变更效率的同时，能让学生拥有较为真实的空间体验，从而发现建构空间中存在的问题。如果将数字化建模的方式进一步引入虚拟现实技术的空间建构过程中，还能够实现对结构强度和搭建方式的模拟验证，对声光环境的全时间段模拟，以及对空间序列上空间之间对比和变化（如空间大小、形状、比例、方向、视线位移、光线变化等）的模拟。丰富的空间体验，有利于学生对现有空间建构方案进行更深层次的优化设计。

在空间建构过程中通过采用多种模型材料重新制作模型，探讨材质因素的介入而引起的表达建筑体空间与形态的可能性，能够引发对原有空间关系新的思考与诠释。材料的引入需要在设计的过程中区分结构与围合、内部与外部、开放空间与私密空间的区别。同时材料会改变原有空间的知觉，对材料的把控需要不断的尝试，在这个过程中需要使用大量不同的材料进行模型验证。虚拟现实技术的引入与数字化建模的结合可以在一次建模的过程中对材质进行多次尝试，让学生对同样建构结构下不同材料的色彩、透明度、肌理等各项特征进行深度研究，以深刻理解材质对空间建构形式的影响，并且实现对在虚拟现实技术所构建的虚拟环境中空间建构与周边环境交互的探究。

8.3.2　在成果展示评价中的应用

随着多媒体技术的广泛应用，基于数字仿真技术、三维模型技术、交互多媒体技术的虚拟设计实现了实时、交互、动态和主动的空间建构表现方式。虚拟现实技术能够以数字化形式模拟环境，增加了虚拟场景的真实性，体验者可以打破空间限制，无须进入真实环境中就能够切实感受到建筑空间各个方面的建设情况，从而进一步掌握建筑环境方面的信息。虚拟现实技术能够有效打破来自时间和空间方面所产生的阻碍，确保信息交流拥有更强的交互性。虚拟现实技术所具备的"沉浸""交互"等技术特性与空间建构的展示要求高度契合，通过虚拟现实软件与硬件的配合，能够提供更为新鲜与直观的体验，具有广阔的发展前景。

在成果展示评价中的应用

在高校建筑类学科的教学过程中，通过虚拟现实技术对空间建构方案进行展示，有着更良好的表达效果和更积极的评价反馈。在传统的图板展示形式下，由于学生汇报经验不足等因素，在较短的时间内，学生无法将自己设计的核心内容与特色完全展示出来，参与和评价的过程也会受到布展空间的限制。而在虚拟现实技术下，学生在展示作品过程中，通过人机交互，可以将其最终设计成果生成虚拟现实模型。运用虚拟现实技术中全方位无死角的展示特性，学生可以自由地展示空间建构形态，同时空间建构的信息也能够得以全方位呈现。虚拟现实技术还可以实现学生在三维虚拟场景中同空间设计成果的交互，并触发说明注释等关键信息。虚拟现实技术能够依据不同的触发条件设置触发不同的展示场景，从而达到在动态过程中对成果的讲解与评价，这也使更多的学生可以通过云端参与其中，实现多人同时出现在同一虚拟建构空间中，同步进行游览体验与线上实时交流。

虚拟现实技术能够使学生与计算机的交互方式更加自然，就像现实中人与自然的交互方式一样，学生可以完全沉浸于由计算机生成的虚拟环境中，产生一种身临其境的互动观感。在漫游空间过程中，学生可以将空间的事物进行详尽展示。这种可视、可漫游的空间拓宽了学生接收信息的维度，实现了现代化教学和数字化教学手段的有机结合。利用虚拟现实技术，学生能够更加直观感受到空间构建的设计方法，其学习积极性也被极大地激发出来，教学效率也得到提高，进而让"教研学做一体化"的教学效果得以真正实现。

8.3.3 虚拟空间建构平台应用探索

随着虚拟现实技术和数字化建模技术的发展，很多实践环节的教学环境也在逐步改进。虚拟空间建构平台依靠计算机技术搭建，利用虚拟现实技术将现实世界中的真实物体模拟出来，并将实物模型放置在不同场景中，学习者可以直观、直接地与虚拟环境中的物体进行交互操作，从而控制平台的运行。通过这种方式可以呈现出不同维度的虚拟学习实训环境，学生可以更直观、有效地掌握知识与技能。

虚拟空间建构平台具有仿真性、安全性等特点，具有广泛的应用价值。在虚拟空间建构平台上，计算机将现实空间进行仿真模拟，并通过特定的虚拟现实设备进行观察和操作。在实际的操作过程中，利用虚拟空间建构平台的仿真性，精准、细致地设计出所要观察和感受的空间，学生可以将直观显著的视觉感受转换为实际的动手建构能力，同时印证了虚拟空间建构平台仿真性的特点。在培养专业性人才的过程中，某些专业在实际操作中会受到安全性的限制与挑战（比如在建筑工程中，实操环境很难确保其安全性，人才培训很难安全有效地进行），而虚拟环境下"安全性"的提出，不仅使操作过程中体验者的安全能够得到保证，还避免了实训过程中设备、仪器等物品存在的风险。可以说，虚拟空间建构平台可使整个实践操作内容的安全性得到保障。

传统建构方式一直都是以实际搭建为基础的空间利用与展示，而数字化建模技术和虚拟现实技术只是在设计过程中起辅助和简化作用，实体搭建仍作为核心成果与展示成品（图 8.1）。在传统教学过程中一般只能确定一处建构空间环境，但受到人力、财力和实际情况的限制，实际上很难将每一件作品在相同环境中进行比较、选择与展示。而虚拟空间建构平台的建立则能够突破这些现实的限制，给创作和教学提供了更多的施展空间。在引入虚拟空间建构平台之后，学生在虚拟情境的实践操作平台上可以进行下一步训练。"传统"与"新型"两种不同实训操作空间的模拟训练，有助于唤醒学生的情感，提升学生动手实践的兴趣，激发学生的求知欲，提高学生的自主学习能力，充分调动学生的积极性、主动性和创造性。

虚拟空间建构与现实空间建构结合

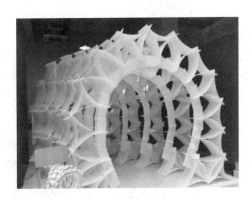

图 8.1　虚拟空间建构与现实空间建构结合

（资料来源：常悦）

在实际的空间建构过程中，尤其是教学和竞赛过程中，即便已建立有效的材料循环机制，浪费仍是无法避免的，而这些问题在虚拟空间建构平台上将不会存在。虚拟空间建构平台利用数字化建模技术和虚拟现实技术将在现实中的建构过程完美地还原到线上的虚拟空间中，避免了场地的限制与材料的约束，无论何时何地都能进行建构活动。在后疫情时代，这种平台就显得尤为重要。在此平台上，不需要大量人员的聚集，也没有交流限制，能够在安全的条件下实现团队的交流与制作过程。展示与评比过程在线上即可完成，教学与竞赛成果也可以以数字化的形式进行永久保存，不用考虑后期的放置和拆解。在校际竞赛的举办过程中，只要各院校接入同一虚拟空间建构平台，便能够直接参与竞赛，极大地促进了学校之间的学术和教学交流，提升了学生参与竞赛的积极性。图 8.2 所示为虚拟空间建构作品展示。

虚拟空间建构平台在材料应用中也具有极大优势。虚拟空间建构平台除了可以对材料进行任意更换外，还避免了材料处理过程中出现的各种意外。以木材和金属材料为例，在材料处理过程中需要借助很多大型工具进行切割、打孔等操作，在这个过程中如果没有有经验的人员操作，极易发生意外。此外，由于受到材料制约，工具也需要相应更新与升级，在这个过程中更是有诸多限制，因此到了实际搭建环节，往往缺少对材料本身物理特性的深入研究。在传统搭建由前期草模到实际模型的转换过程中，很容易产生因材料强度不足而难以实现预想的空间建构的情况。而在虚拟空间建构平台上，安全操作这些材料成为可能，在不受材料处理限制的同时，还能够在平台上学习到详细的加工过程。有了数字化建模技术的支持，虚拟空间建构平台还可以实现对材料物理性质的模拟，在搭建过程中充分利用材料的每一种特性，极大地缩减材料、维护等经费的投入，这也使得虚拟空间建构平台的经济性与实用性得到了进一步提升。

虚拟空间建构作品展示

图 8.2　虚拟空间建构作品展示
（资料来源：黄子涵）

本章小结

　　随着虚拟现实技术在 20 世纪的快速发展，它已经从科幻作品中的想象描绘逐渐步入大众生活中的现实场景，并且与各行各业进行多元融合。在国家政策的支持和社会需求的引导下，对虚拟现实技术的研究有着深刻的时代价值，其应用有着巨大的发展潜力。

　　虚拟现实技术与空间建构的结合为建筑学的教学发展带来了广阔的前景。借助虚拟现实技术，教学的过程不仅突破了传统空间建构停留于平面与辅助软件结合的方案推敲模式，而且解决了在方案设计过程中材料、结构和空间等现实因素的制约。虚拟空间建构与传统空间建构的紧密结合，将会促进多院校、多企业、多领域的深度合作，完善交流与评审机制，扩大建构参与规模，提高参与积极性，有力地推动空间建构的持续发展。

思 考 题

1. 虚拟现实技术呈现的必要条件有哪些？

2. 目前虚拟现实技术在应用的过程中存在哪些局限因素？

3. 如何理解学习过程中虚拟空间建构与实体空间建构同等重要的价值？

4. 思考虚拟现实技术的应用对建筑领域未来发展的影响。

第9章
案例分析及社会实践

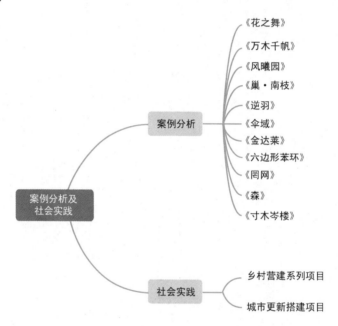

思维导图

案例分析及社会实践
- 案例分析
  - 《花之舞》
  - 《万木千帆》
  - 《风曦园》
  - 《巢·南枝》
  - 《逆羽》
  - 《伞域》
  - 《金达莱》
  - 《六边形苯环》
  - 《罔网》
  - 《森》
  - 《寸木岑楼》
- 社会实践
  - 乡村营建系列项目
  - 城市更新搭建项目

9.1 案例分析

1. 《花之舞》

学校：吉林建筑大学

指导教师：常悦、于奇

小组成员：吴建承、丁少博、李明昊、姜雨昕、张子璇

建构材料：瓦楞纸板

设计理念：

本空间设计旨在通过分解预制的纸板构件来实现装配式建构的建造逻辑，通过三角形和多边形两种形态来反映瓦楞纸板的坚固性和可塑性，并利用体块穿插的方式来实现两种结构构件的结合，最终使得组合构件呈现出花瓣的形状，打破了人们对瓦楞纸板封闭形象

的刻板印象，体现出瓦楞纸板通透、柔美的质感。三角形的构建形态满足了模型搭建时的力学要求，通过构件数量自下而上逐渐减少的方式来营造花瓣向上盘旋飞舞的意境，中间围合出的空间可以供人们驻足观赏、休闲娱乐。

《花之舞》平面组合与体块穿插形式如图 9.1 所示，《花之舞》左视图与俯视图如图 9.2 所示，《花之舞》模型展示如图 9.3 所示。

教师评语：

该作品应用体块穿插的基本形式，呈现出别具一格的花瓣绽放的视觉效果，在考虑结构稳定与形式统一的前提下关注光影韵律，使方案具有创意。但该作品设计团队对于瓦楞纸板材料的认识尚有不足，没有正确预判其自身荷载及围合感受，导致最终呈现的作品未达到理想中轻盈飞舞的效果。

   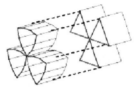

图 9.1 《花之舞》平面组合与体块穿插形式
（资料来源：设计组）

《花之舞》平面组合与体块穿插形式

 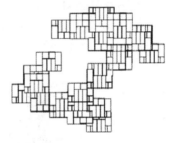

图 9.2 《花之舞》左视图与俯视图
（资料来源：设计组）

《花之舞》左视图与俯视图

图 9.3 《花之舞》模型展示
（资料来源：吴建承）

《花之舞》模型展示

2.《万木千帆》

学校：长春建筑学院

指导教师：张蕾、滕佳佳

小组成员：肖扬、杨航、高一鸣、丛国立、王志勇、唐嘉鸿、善江宏、郭宏泽

建构材料：2cm×4cm（横截面）木方、自攻螺钉

设计理念：

从船帆中提取建筑原型，纵向采用旋转上升的手法，在空间上营造出无限上升之势，给人以"长风破浪会有时，直挂云帆济沧海"的精神传达。万木廊，千帆过，恰似走马，恰似回顾。多线支撑秩序井然，多层间隔层次拔高。直——拉伸纵向感官，仰望天空。曲——扩张横向空间，共侃古今。以直营曲，好生柔美。

方法步骤：

（1）认真解读任务书，调研查阅相关资料与案例。

（2）组内成员每人设计一个方案，集合所有成员的创意与思想，共同迸发设计的火花。

（3）将所有方案进行筛选对比，吸纳每个方案的优点与特色，以多样统一为基本原则，确定富有多元化、秩序性、艺术感的方案。

（4）制定建造方案，通过精细模型的数据，计算所需的木方及各种配件的数量，完成数据统计，确保建造工作的有序性与科学性。

（5）现场搭建，将切割与加工好的建筑构件按照图纸进行实体搭建。

《万木千帆》分型图如图9.4所示，《万木千帆》模型展示如图9.5所示。

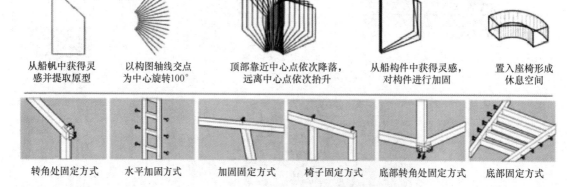

图 9.4 《万木千帆》分型图

（资料来源：设计组）

《万木千帆》分型图

《万木千帆》模型展示

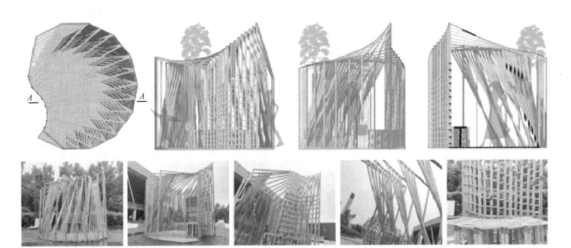

图 9.5 《万木千帆》模型展示

（资料来源：设计组）

教师评语：

该作品从不同的角度观察，各个面呈现出不同的视觉体验，由内而外给人不同的空间感受，将功能与艺术集于一体，考虑光影的变化，寓意美好，充满了想象。该作品采用木方这种材料进行实体搭建，连接方式比较机械，没有完全发挥木材的力学性能，作品缺乏整体的灵活性；此外，在手工制作方面精细度尚需加强。

3. 《风曦园》

学校： 长春建筑学院

指导教师： 何岩、王樱默

小组成员： 徐智航、付秋硕、刘世龙、周婷、杨清怡、李封、扈奥、武诗琪

建构材料： 2cm×4cm（横截面）木条、自攻螺钉

设计理念：

以"线条"为单位搭建立方体，再以多个立方体为单元上下错位进行堆叠，形成有弧度的"单元体"，通过固定的圆心旋转"单元体"得到一个近乎球形的整体。方案中间五层为 72° 的斜向支撑，上下相连，上三层错位相接提供了符合人体工程学要求的舒适倚靠，在保证重心稳定的同时尽量向内收缩形成向心力，象征"凝心聚力"。围合的形态形成了"穹顶"，产生仰望苍穹的视觉体验。

以"和风""晨曦""苍穹""大地"为主题，穹顶之下，可以俯仰天地；以方筑圆，营造曲线之美。

方法步骤：

（1）首先进行数据、角度的分类，并对长木条进行标记。

（2）切割木条并进行分组。

（3）将搭建过程分成 4 个步骤：先将切割好的木条组合成"小单元"；接下来将若干个"小单元"拼接成有弧度的"大单元"；再将若干个组合好的"大单元"围合成"整体"；最后将"穹顶"部分覆盖在"整体"的上部。

《风曦园》分析图如图 9.6 所示，《风曦园》平面、正立面、剖面图如图 9.7 所示，《风曦园》模型展示如图 9.8 所示。

教师评语：

以笔直的线条为"源"，塑造成"圆"的形态，形成直线与弧线的有机融合。方案整体性强，富有韵律感与秩序性，以向心性达到力的平衡，结构合理。内部座椅设计尺寸合理，舒适稳固，符合人体工程学原理。顶部造型好比祈年殿藻井，形成交错、渐变的韵律感。因所选木条尺寸的限制，连接方式未能充分运用榫卯结构，在连接上略显生硬。

《风曦园》分析图

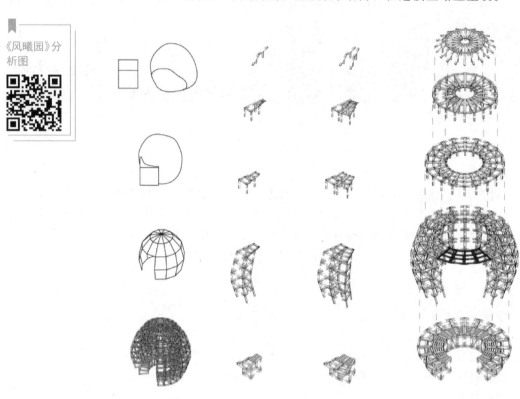

图 9.6 《风曦园》分析图

（资料来源：设计组）

《风曦园》平面、正立面、剖面图

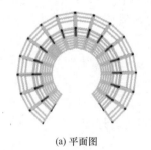
(a) 平面图

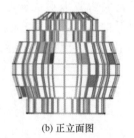
(b) 正立面图

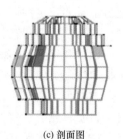
(c) 剖面图

图 9.7 《风曦园》平面、正立面、剖面图

（资料来源：设计组）

《风曦园》模型展示

图9.8　《风曦园》模型展示

（资料来源：何岩）

4.《巢·南枝》

学校： 吉林建筑大学

指导教师： 金莹、宋义坤

小组成员： 温静、冯玥、王浩臣、路阳、扬航

建构材料： 2m×2m PP中空板、竹签、绑带

设计理念：

阳光透过规律的菱形缝隙洒出一地斑驳，于井然有序中挣脱外界束缚，肆意舒展开来一段"快乐又自由"的曲线，跳脱于规矩之外，是巢本有的自然外观的部分体现，也是不拘泥于世俗条框、向往自由灵魂的象征。若你愿意探寻它的内里，走过安静的回廊，你会发现坚硬的外壳里包裹着小小的一隅。围合给人以安全感，但又留有足够的空间观察人群和天空。"巢·南枝"，其摘自汉诗"胡马依北风，越鸟巢南枝"，思念缠绵成枝，细细密密地包裹住柔软的内心，巢南枝，胡不归，是因为内心既有所归属又有所渴望，是既念过往又渴求未来。

方法步骤：

（1）单层简单构思：初期灵感来源于广州的"小蛮腰"——广州塔。

（2）双层设想：加入内外层，从而丰富模型整体结构。

（3）内外呼应：将内外层的编织面相互连接，形成整体构造围合空间。

（4）形体改进：前后形成逐步向上攀爬的坡度，右高左低，塑造不对称的自然美感。

（5）进一步深化：增加门洞细节，内部小圆处呈半围合状态，营造舒适的归属空间。

编织节点连接方法探索：利用PP中空板的小孔插接竹签，用绑带固定，进行连接。

图9.9～图9.11所示为《巢·南枝》展示图。

巢 · 南枝

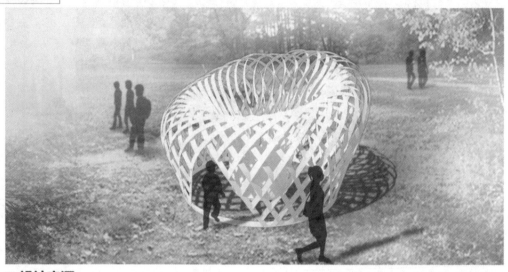

■ 设计来源 GENERATION

TYPE 1

生活需要绿色，该模型期望实现自
然与人文活动相结合，不论是晨练
还是阅读，都能在该模型提供的条
件下进行

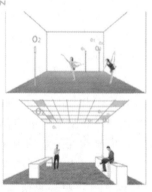

TYPE 2

来自五湖四海的朋友在大学相遇相识，在彼此的陪伴中相互温暖，虽如鸟儿
有一颗归巢的心，但始终有所渴望、有所归属

图 9.9 《巢·南枝》展示图 （一）

（资料来源：设计组）

■ 构造节点分析 ANALYSIS OF CONSTRUCTIVE

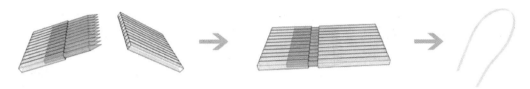

- 使用竹签在一端插入
- 与另外一块板条插接
- 形成编织条

■ 模型生成过程 GENERATION PROCESS

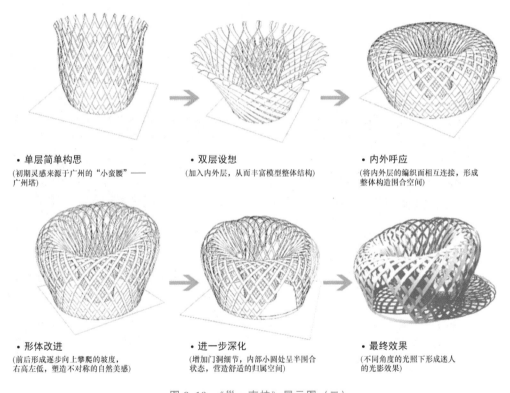

- 单层简单构思
（初期灵感来源于广州的"小蛮腰"——广州塔）

- 双层设想
（加入内外层，从而丰富模型整体结构）

- 内外呼应
（将内外层的编织面相互连接，形成整体构造围合空间）

- 形体改进
（前后形成逐步向上攀爬的坡度，右高左低，塑造不对称的自然美感）

- 进一步深化
（增加门洞细节，内部小圆处呈半围合状态，营造舒适的归属空间）

- 最终效果
（不同角度的光照下形成迷人的光影效果）

图 9.10　《巢·南枝》展示图（二）

（资料来源：设计组）

教师评语：

　　该作品应用了编织手法，其整体性强，富有韵律感与秩序性，通过自内而外舒展发散达到受力平衡，满足结构合理性；内部使用满足人体尺度。因 PP 中空板尺寸的限制，在制作连接材料时耗费了大量时间，以致编织条数量减少，未达到理想的效果。

《巢·南枝》
展示图（二）

■ **模型特点分析** ANALYSIS OF CHARACTERISTICS

• 巢：连接方式
(经过多次试验，最终采用竹签插接板材的方式，达到多个板条之间的完美连接)

• 巢：特色
(于井然有序中挣脱外界束缚，肆意舒展开来一段"快乐又自由"的曲线，跳脱于规矩之外，是巢本有的自然外观的部分体现，也是不拘泥于世俗条框、向往自由灵魂的象征)

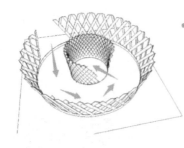

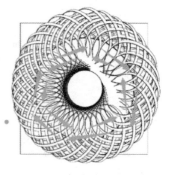

• 巢：内部空间
(若你愿意探寻它的内里，走过安静的回廊，你会发现坚硬的外壳里包裹着小小的一隅。围合给人以安全感，但又留有足够的空间观察人群和天空)

• 巢：光影
(阳光透过规律的菱形缝隙洒出一地斑驳)

■ **分析图** ANALYSIS CHART

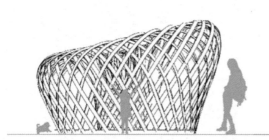

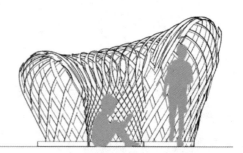

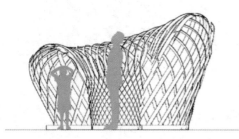

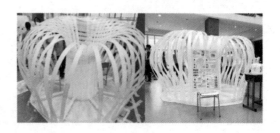

图 9.11 《巢·南枝》展示图（三）

（资料来源：设计组）

《巢·南枝》
展示图（三）

5. 《逆羽》

学　校： 长春工程学院

指导教师： 崔煜、丰伟

小组成员： 仙逸凡、庄帝鑫、独嘉伟、张龙旭、婧雅卓

建构材料： 3cm×5cm（横截面）木方

设计理念：

该建构主体由一组顺时针与逆时针的双螺旋圆环组成，由于其外形像逆风飞翔的羽翼，所以将其取名为《逆羽》。司马相如曾在《凤求凰》中写道"双翼俱起翻高飞"，正如我们的作品，它也让人联想到展开双翼振翅高飞的凤凰。我们希望体验者在体验之后，能让心像羽毛一样飘动，让梦像羽翼一样高飞。

《逆羽》效果图及材料如图 9.12 所示，《逆羽》小组成员及成果展示如图 9.13 所示，《逆羽》图纸展示如图 9.14 所示。

《逆羽》效果图及材料

图 9.12 《逆羽》效果图及材料

（资料来源：设计组）

《逆羽》小组成员及成果展示

图 9.13 《逆羽》小组成员及成果展示

（资料来源：崔煜）

教师评语：

该作品通过简单的几何形状、传统的旋转手法、别具一格的构建方式，形成了一个具有有趣空间的作品——盘旋的羽毛自然而上，形成了一个非常舒适的躺坐空间。旋转而成的空间具有极强的延伸感，从出图纸、做模型，到与木工师傅商议建造实物，没有过木工经验的同学们遇到的问题接踵而至，但是他们没有轻言放弃，而是一遍又一遍地修改图纸，最终问题也一一解决。

从出设计图纸到做 1∶10 的模型，再到最后 1∶1 的实物建构，同学们所经历的每一步无不体现着他们的认真和用心，在我看来，"逆羽"不仅仅指的是他们的作品，更指的是他们这群可爱的年轻人，不惧困难，逆风飞翔，化身成羽，翱翔四方。未来是属于年轻人的，希望未来的他们能永葆初心，在建筑设计的道路上越走越远。

《逆羽》图纸
展示

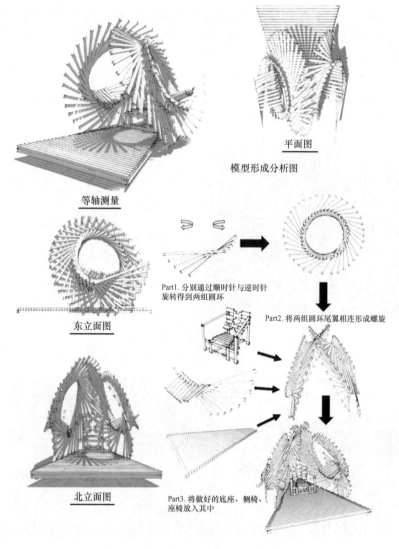

等轴测量

模型形成分析图

平面图

东立面图

Part1. 分别通过顺时针与逆时针
旋转得到两组圆环

Part2. 将两组圆环尾翼相连形成螺旋

北立面图

Part3. 将做好的底座、侧椅、
座椅放入其中

图 9.14 《逆羽》图纸展示

（资料来源：设计组）

6.《伞域》

学校：吉林建筑大学

指导教师：张萌

小组成员：刘禹宁、刘步云、李旭、姜欣鹏、刘松林、张明骁

建构材料：PP 中空板、塑料螺栓、金属角码

设计理念：

新冠肺炎疫情暴发后，人们的社交距离在亲密和疏离之间摇摆，寻求平衡，所以单元体从保护伞出发，充分利用其庇护与阻隔两个性质——伞空间的内与外，恰如新冠肺炎疫情下人与人之间的亲密与疏离。设计中，我们尝试挑战用小尺度的平面板材，表现曲面、

立体的伞的形态，同时满足表皮与支撑结构的统一。构筑物的通透性让光斑随着一天中太阳的移动而偏移，旨在唤起新冠肺炎疫情背景下人们对感情世界固有的不可靠性和不确定性的认识。

色彩方面采用少量红色和大量白色，红色代表新冠肺炎疫情带给人们的惶恐不安，白色代表安全社交距离带给人们情绪上的镇定和疏离。

方法步骤：

（1）认真阅读任务书。

（2）确定结构形式及大体造型。

（3）推敲单元体结构。

（4）推敲整体造型。

（5）推敲单元体连接方式。

《伞域》分析图如图 9.15 所示，《伞域》的剖面、立面、平面、顶面图如图 9.16 所示，《伞域》成果图如图 9.17 所示，《伞域》参数化设计过程如图 9.18 所示。

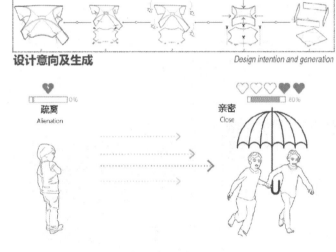

《伞域》分析图

图 9.15 《伞域》分析图

（资料来源：设计组）

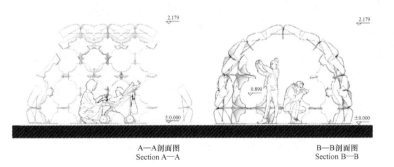

《伞域》剖面、立面、平面、顶面图

图 9.16 《伞域》剖面、立面、平面、顶面图

（资料来源：设计组）

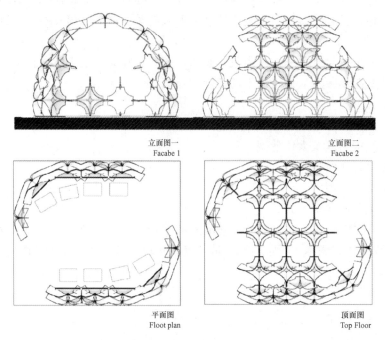

立面图一
Facabe 1

立面图二
Facabe 2

平面图
Floot plan

顶面图
Top Floor

图 9.16 《伞域》剖面、立面、平面、顶面图（续）

（资料来源：设计组）

《伞域》成
果图

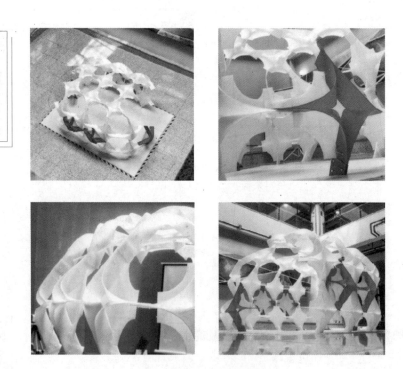

图 9.17 《伞域》成果图

（资料来源：刘禹宁）

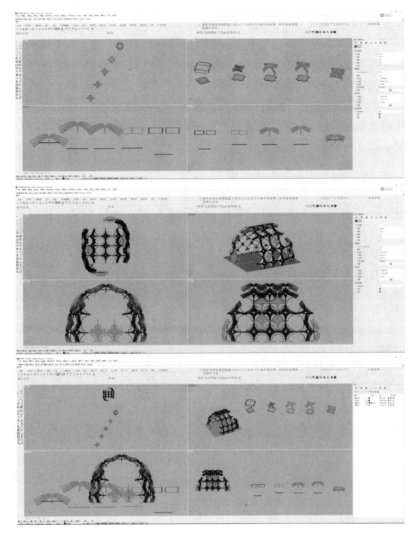

《伞域》参数化设计过程

图 9.18 《伞域》参数化设计过程

（资料来源：设计组）

教师评语：

本作品为 2021 年学院受邀参加同济大学国际建造节作品。建造节的主题为"亲密与疏离"，是全球新冠肺炎疫情背景下，关于人与人、人与空间关系的思考。设计以"伞"为构思原点，以伞域的内与外，呼应空间的亲密与梳理。在充分研究建造材料特性的前提下，用极简的板材切割方式和极少的板材用量，最大限度地限定空间。伞形单元的设计利用材料的韧性，通过平面板材的弯折尝试塑造曲面效果。作品构思新颖，结构逻辑简明清晰，建造组织有序、高效，细部与光影表达俱佳。

7. 《金达莱》

学校：吉林建筑大学

指导教师：常悦、高智慧

小组成员： 李润、李雅雯、李翊玮、陈嘉怡、刘怡然、刘聪、王雲博

建构材料： 2cm×4cm（横截面）木方、自攻螺钉、角码、金属连接件

设计理念：

平面上采用斐波那契螺旋线作为路径，立面上截取莫比乌斯环的一部分作为基本元素，将基本元素按曲线路径旋转并逐渐上升，体现一种热情的形象，就像一朵花儿热情绽放一样，寓意自然界中任何美丽的事物背后都有它的规律。主体建构外围有莫比乌斯环片段围成的旋转上升的类四面体，既是主体建构的稳固结构，也是为使用者提供倚坐的休息平台，就像绿叶保护花儿一样。

方法步骤：

（1）设计讨论，不断改进方案，建立方案模型及搭建逻辑，再确定方案。

（2）统计建构所需的木方、自攻螺钉、角码及金属连接件，并将模型分块编号，然后提取模型中每一块木方长度并编号。

（3）将提取到的数据画到木方上并用记号标号。

（4）按照模型编号将木方搭接起来。

《金达莱》分析图如图 9.19 所示，《金达莱》立面图和效果图如图 9.20 所示，《金达莱》成果展示如图 9.21 所示。

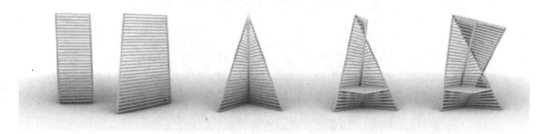

图 9.19 《金达莱》分析图

（资料来源：设计组）

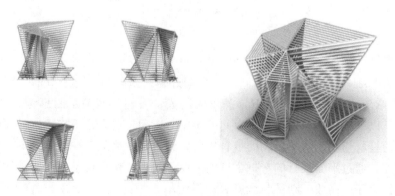

图 9.20 《金达莱》立面图及效果图

（资料来源：设计组）

图 9.21　《金达莱》成果展示

（资料来源：李润）

《金达莱》分析图

《金达莱》立面图及效果图

《金达莱》成果展示

教师评语：

　　该作品体现的是设计者对自然界中事物的主观理解。该作品通过一些规律性的数据将事物的特点体现出来，将莫比乌斯环与斐波那契螺旋线结合旋转围成的形体优美而有新意。建构顶部的搭接既是艺术的表达也是结构的需求，建构外围的小台既是功能的完善也是结构的完善。该作品将艺术与建构进行了较好的融合。但是由于木方的局限性、模型搭建的难度及手工划段产生的误差，导致最终搭建的作品细节处理并不是很到位，虽可远观但不耐细看。

8.《六边形苯环》

学　校：吉林建筑大学

指导教师：周洪涛、王春晖

小组成员：曲美慧、张苏扬、黄柏杨、陈思奇、宋浩北、包丰瑞

建构材料：木方

设计理念：

　　六边形苯环以苯为设计基础，提取其主要元素——六边形。苯是一种石油化工基本原料，其产量和生产技术水平是一个国家石油化工发展水平的标志之一。我们希望以这种标志为设计来源，来表达对祖国的热爱与期待。

我们提取苯的化学式中的标志形态——六边形后，采用交错式结构，形成以六边形为基本骨架的初步模型；将多个六边形交错，空间与空间的交叉又形成新的体系；延伸其中的侧面，填补空缺，并为后续设计创造着手点与灵感；将侧面长方体转化为棱锥体，使其从空间和感官上都更具有稳定性；进一步更新，将单一立面改为由多个重复的元素构成的新立面，循环往复，利用角度来打破复制粘贴的单一；用由多个形态相同但大小不同的相似小六边形来填补略显空旷的大六边形，形成交叉设计；最后将所设计的交错六边形同等复制，中心对称旋转后缩小，与原来的交错六边形相结合，形成新的空间设计。

作为一个装饰性建筑，本作品的设计思路以符号化与科学相结合，采用木方作为基本建筑材料，实现了材料上绿色环保、设计上造型优美、搭建上结构严谨、内涵上具有深意。

生活中有许多如同木条一样孤独的灵魂，多个孤独的灵魂的相互碰撞与交错却又在枯燥生活的闭环中创造了新的灵感与际遇。每一个六边形都是一个独立的形象，它的姿态和它的美都与相邻者有差别。而本设计的目的就是令观者由此可以联想到，人也是如此，在嘈杂又浮躁的生活中，每个人都是相似但独立的，而且每个人都有独特的尊严。

方法步骤：

《六边形苯环》的生成方法具体如图 9.22 所示。

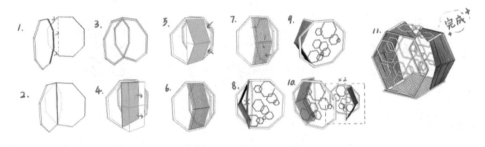

图 9.22 《六边形苯环》生成方法

（资料来源：曲美慧）

《六边形苯环》生成方法

《六边形苯环》成品图如图 9.23 所示，《六边形苯环》图纸展示如图 9.24 所示，《六边形苯环》成果展示如图 9.25 所示。

图 9.23 《六边形苯环》成品图

（资料来源：设计组）

《六边形苯环》成品图

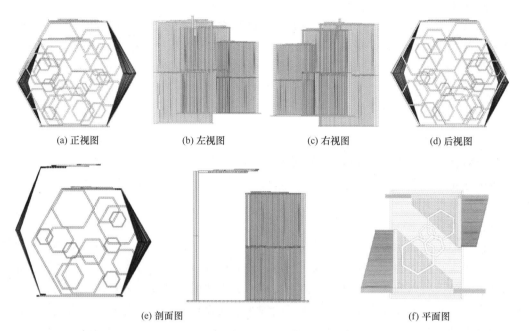

(a) 正视图   (b) 左视图   (c) 右视图   (d) 后视图

(e) 剖面图   (f) 平面图

图 9.24 《六边形苯环》图纸展示

（资料来源：设计组）

《六边形苯环》图纸展示

《六边形苯环》成果展示

图 9.25 《六边形苯环》成果展示

（资料来源：周洪涛）

教师评语：

该作品以六边形作为设计的主要元素，沿进深方向将六边形元素进行层叠，营造出满足使用功能的半围合空间，利用等比例放大、缩小六边形的方式使整体形态呈现高低变化的灵动效果，整体尚佳。该作品在竖直方向的稳定性方面考虑不够，导致出现辅助支撑。

9.《罔网》

学校： 吉林建筑大学

指导教师： 周洪涛、王春晖

小组成员： 郑荣珊、周小琪、牛彤、罗凌佳、魏金龙、毕世俊、孙浩洋、于广洋

建构材料： 木方

设计理念：

这件作品的设计初衷是营造一种宁静平和的氛围。《罔网》作为一个休息亭，为使进入的人有更加放松的心情和回归本真的状态，设计者选择使用木方来搭建，这是因为木材的材质总是给人自然和踏实的感觉。但由于用木方搭建的建筑易显笨重，方正的建筑形态也略显千篇一律，便又确立了化直为曲、化静为动的设计理念——化朴实的直线为变幻莫测的曲线，使建筑线条更具多样性，为建筑增添优美的弧度和曲线；将静止转化为灵动，赋予建筑鲜活的生命，强化建筑特点。继以上的初步设计思路，展开如下的深入的设计构思。

（1）空间。将木方叠放旋转得到扇形，远远看去像一只展翅欲飞的和平鸽，在和平鸽"翅膀"的庇护下，人们可以得到宁静的感觉。一根根旋转的木方又像向上延展的树枝，既向上生长，又向下扎根。而树枝下的休息空间，就如同这棵树的树洞，给人带来安全感。多层木方的叠加使建筑更具层次感，一眼望去，它就像一张腾飞的网。或许是一张可以为你带来灵感的捕梦网，又或许是一张困住你的坏心情和霉运的过滤网。当你走进这张具有"魔力"的网时，它美丽的光影便会净化你的心灵，让你卸下疲惫，然后元气满满地离开。

（2）细部。为了协调建筑整体的既视感，将"网"撑开，决定在每两根木方间加垫小木块，这样也可以方便木方之间的连接，降低搭建的难度。

方法步骤：

（1）确定尺寸，切割木方。

（2）先在平面上确定每根木方的旋转角度并画线确定旋转点。

（3）以8根或9根木方为一组进行分组组装。

（4）分成两部分组装。

（5）底板搭建。

（6）将建筑立起，用额外木方作支撑，防止倒塌。

（7）底部加固，分担承重。

（8）撤掉额外木方，作品搭建完成。

《罔网》分析图如图9.26所示，《罔网》图纸展示如图9.27所示，《罔网》成果展示如图9.28和图9.29所示。

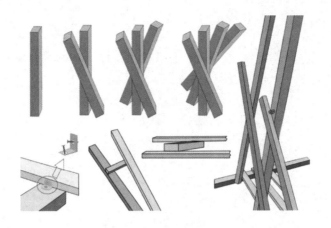

《罔网》分析图

图 9.26 《罔网》分析图

（资料来源：设计组）

《罔网》图纸展示

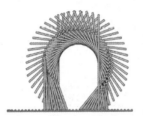

(a) 右立面

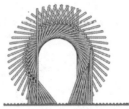

(b) 左立面

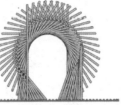

(c) 前立面

(d) 后立面

(e) 平面图

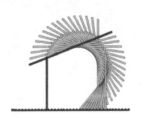

(f) 剖面图

图 9.27 《罔网》图纸展示

（资料来源：设计组）

《罔网》成果
展示（一）

图 9.28　《罔网》成果展示（一）

（资料来源：周洪涛）

《罔网》成果
展示（二）

图 9.29　《罔网》成果展示（二）

（资料来源：周洪涛）

教师评语：

　　该作品视觉冲击力极强，设计者克服建造过程中的各种阻碍，应用长直木方创造出具有延展动势的双曲面，实属不易。美中不足的就是该作品根基部分支撑较薄弱，如果能与满足使用功能的座椅或长凳相结合会更加理想。

10.《森》

学　校：吉林建筑大学

指导教师：金莹、宋义坤

小组成员：黄天怡、祁海昕、姜雨亭、刘轩赫、胡潇、冯玥、温静、王浩臣

建构材料：木条、四孔直角码、短螺钉、四孔平角码、双孔小角码（图9.30）

《森》建构
材料

1. 主体材料是截面为2.5cm×1.5cm的木条

2. 用量最多的是四孔直角码和短螺钉，起到最主要的连接作用

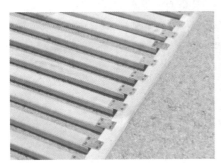

3. 底板与边框的连接件为四孔平角码

4. 底板下部的支撑用双孔小角码连接

5. 同学们使用的主要工具是电钻，用于将短螺钉旋进木方

6. 电锯用于切割木方，但比较危险，由工人师傅帮忙操作

图 9.30　《森》建构材料

（资料来源：设计组）

设计理念：

这件作品的设计构思源自《后汉书·列传·崔骃列传》中的"高树靡阴，独木不林"。艺术源于生活而又高于生活。每一次的设计都是与自然、与世界、与万物交流的机会。在

如今效率至上的现代城市生活中，人们每天穿行于城市的钢筋混凝土"森林"中，但人们的情感却得不到慰藉。我们觉得是时候该停下脚步，驻足于自然的森林之中，进行一次心灵与万物的深度交流。借此，我们根据如今自然的状态和社会所存在的问题，利用自然给予的馈赠——木方，依据其本身的自然属性，为人类提供拥抱自然的契机。对于此次的建构我们更注重运用简洁纯粹的手法：在结构上，简化结构体系，讲究结构逻辑，使之产生没有屏障的空间，同时按空间艺术的要求，创造内容丰富的流动空间，使造型明晰精致，产生百看不厌的形式美；在构图上，通过将自然引入与世界环境相隔离的简单几何体中，做到灵活均衡而非对称，并将形体与功能相配合，以达到建构与自然相统一的意境。人踏足其中，顿感苍穹之优美，寰宇之磅礴，使人抛却世俗的纷扰嘈杂。该作品想要表达出"安逸之居"的思想，将人从快节奏的喧嚣生活中抽离，感受自然美景与极简建构之间的和谐，其塑造的魅力不仅在于建构本身，更在于其与周边环境的碰撞交融，刹那间，楼宇林立，树木交错，细观静悟，顿感天人合一。图 9.31 所示为《森》效果图。

《森》效果图

图 9.31　《森》效果图
（资料来源：设计组）

方法步骤：

《森》生成分析如图 9.32 所示，《森》受力分析及构造节点细部图如图 9.33 所示，《森》空间对话如图 9.34 所示，《森》1：10 模型展示如图 9.35 所示，《森》成果展示如图 9.36 所示。

《森》生成分析

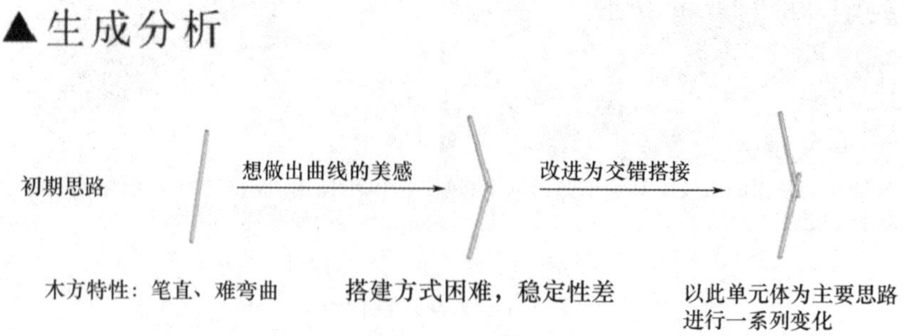

▲ **生成分析**

初期思路 ——— 想做出曲线的美感 ——— 改进为交错搭接

木方特性：笔直、难弯曲　　搭建方式困难，稳定性差　　以此单元体为主要思路进行一系列变化

图 9.32　《森》生成分析
（资料来源：设计组）

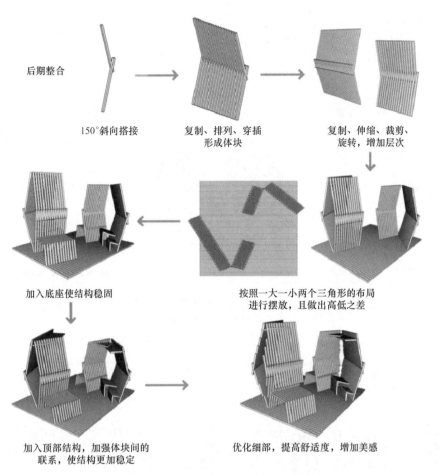

图 9.32 《森》生成分析（续）
（资料来源：设计组）

▲基本受力分析

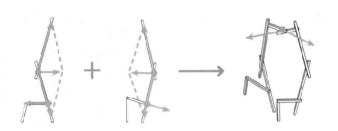

各单元体拉接稳定，底座起到重要的支撑作用　　　结构单元顶部组合，搭接借力

图 9.33 《森》受力分析及构造节点细部图
（资料来源：设计组）

▲构造节点细部图

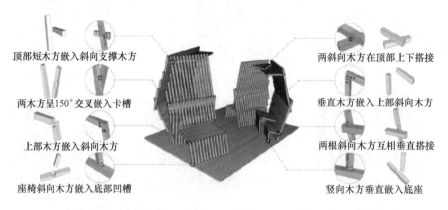

顶部短木方嵌入斜向支撑木方

两木方呈150°交叉嵌入卡槽

上部木方嵌入斜向木方

座椅斜向木方嵌入底部凹槽

两斜向木方在顶部上下搭接

垂直木方嵌入上部斜向木方

两根斜向木方互相垂直搭接

竖向木方垂直嵌入底座

图 9.33 《森》受力分析及构造节点细部图（续）

（资料来源：设计组）

▲空间对话

《森》空间
对话

爸爸，你的椅子可以当我的桌子吧！咱们一起玩玩具吧！

尺度不同的座椅更适合不同的人群。稍大一点的座椅既可作为成年人的座椅，又可作为儿童玩耍时的桌子。稍小一点的座椅很适合儿童使用，安全性更强

仰靠在座椅上沐浴阳光，感受自然的美景，令人身心愉悦。宽大的座椅还提供了可以卧躺的空间

靠在这儿还挺舒服的

图 9.34 《森》空间对话

（资料来源：设计组）

镂空的设计创造了富有动感的光影效果，由于光照的方向不同，建构的造型不同，其所产生的光影效果也不同

图 9.34 《森》空间对话（续）

（资料来源：设计组）

《森》1：10模型展示

图 9.35 《森》1：10 模型展示

（资料来源：设计组）

《森》成果展示

图 9.36 《森》成果展示

（资料来源：宋义坤）

教师评语：

该组学生团队合作能力较强，学生们在前期用 1：10 的模型就裁剪与拼接进行了反复推敲和迭代，能用模型推敲方案对于低年级学生来说是难能可贵的。总体来说，该作品完成度较高，主题别出心裁，内部私密性较高，符合空间的要求。但是由于该作品本身的形体要求导致其在力学上有不合理之处，也没有完全利用材料本身的力学特性，因此使得最

后搭建时需要辅助的柱体结构进行支撑。

11. 《寸木岑楼》

学校： 吉林建筑大学

指导教师： 金莹、宋义坤

小组成员： 黄忻玥、陈佳宁、高维、汪学林、王禹翔、郭璐、范馨穗、吴哲涵、孙文昊

建构材料： 木方（图 9.37）、角码、不同规格的钉子

《寸木岑楼》
建构材料之
一——木方

图 9.37 《寸木岑楼》建构材料之一——木方

（资料来源：黄忻玥）

设计理念：

因为本次的建构主题是"微空间"，古语有言：夫风生于地，起于青苹之末。我们也希望创造一个微空间，起于青苹之末，而生长于天地之间，与自然对话，与万物相生。本着"于建筑中感知自然，与自然共存始终"的原则及本次的设计要求，我们采用了化直为曲的手法，将原本坚挺的木材赋予其自由流动的形状，不但使身处其中的人在水平空间上具有一定的包围、保护之感，而且在纵向空间上与天空对话、与光影互动，让本次的建构作品成为人和自然之间的媒介，将更多的话语权交给自然和使用者，让使用者明白人与人之间、人与自然之间不应该只是索取和交换，而是彼此尊重、参与和分享。

在将我们的想法与材料进行结合时，考虑到木材本身给人的硬挺、竖直之感，我们先将多组木材在空间中进行有规律的、一定角度的旋转，从而形成曲面，使木方在视觉上产生柔和美；然后将旋转好的组件在水平空间上进行对称、错位的变换组合，一大一小、一俯一仰，从而在纵向空间形成高低错落之感。

在给此次的建构作品赋予一定功能时，我们选择将功能穿插于建构作品的构造形状之中，不但在其内部赋予坐卧及玩耍的功能，更给使用者创造了在外部空间与自然接触的条件，也在一定程度上拓展了其使用空间，让人与自然更加亲近。

方法步骤：

《寸木岑楼》建构过程如图 9.38 所示，《寸木岑楼》分析图如图 9.39 所示，《寸木岑楼》效果图如图 9.40 所示，《寸木岑楼》成果展示如图 9.41 所示，《寸木岑楼》1∶10 模型展示如图 9.42 所示，《寸木岑楼》1∶1 实体搭建过程如图 9.43 所示。

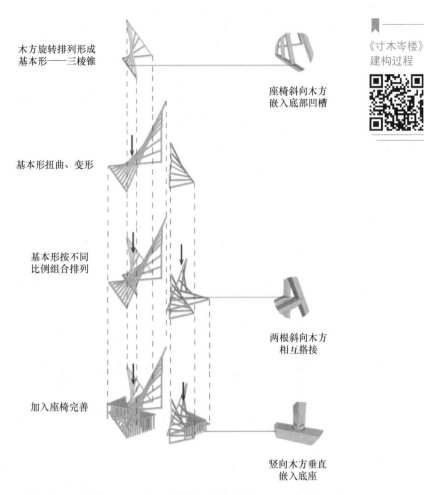

木方旋转排列形成
基本形——三棱锥

座椅斜向木方
嵌入底部凹槽

基本形扭曲、变形

基本形按不同
比例组合排列

两根斜向木方
相互搭接

加入座椅完善

竖向木方垂直
嵌入底座

图 9.38 《寸木岑楼》建构过程
（资料来源：设计组）

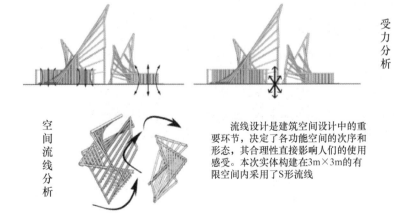

受力分析

空间流线分析

流线设计是建筑空间设计中的重
要环节，决定了各功能空间的次序和
形态，其合理性直接影响人们的使用
感受。本次实体构建在3m×3m的有
限空间内采用了S形流线

图 9.39 《寸木岑楼》分析图
（资料来源：黄忻玥）

人体尺度分析

模型整体采用S形行进路线，路径宽度最小处约为0.8m，体验者可轻松穿行。在感官上，通过增加人的行走距离，让原本有限的空间变得更加丰富。模型的座椅设置了两种不同的高度，一种为0.35m，供儿童休憩玩耍；一种为0.45m，供成人休憩办公

光照分析

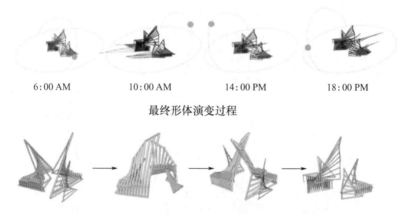

6:00 AM　　　10:00 AM　　　14:00 PM　　　18:00 PM

最终形体演变过程

图9.39　《寸木岑楼》分析图（续）

（资料来源：黄忻玥）

《寸木岑楼》
效果图

图9.40　《寸木岑楼》效果图

（资料来源：设计组）

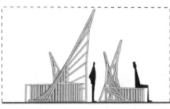

图 9.41　《寸木岑楼》成果展示

（资料来源：宋义坤）

图 9.42　《寸木岑楼》1∶10 模型展示

（资料来源：黄忻玥）

《寸木岑楼》
1：1实体搭
建过程

图 9.43　《寸木岑楼》1：1实体搭建过程

（资料来源：宋义坤）

教师评语：

　　该作品主题新颖、富有创意，有空间生成逻辑，形成的视觉效果较好。但是由于该作品本身的空间尺度较小，导致其使用功能方面有不合理之处，也没有完全利用材料本身的力学特性，最后搭建的作品完成度不够。

9.2　社会实践

　　吉林建筑大学建筑与规划学院建筑学专业"（建筑设计）专项训练1"课程于2020年获批国家级一流课程（社会实践类）。根据教育部《关于一流本科课程建设的实施意见》的指导思想和建设内容，需要创新观念，以目标为导向优化课程，以提升能力进行教学改革，在课外学时中积极组织社会实践。因此，结合吉林建筑大学帮扶地方乡村振兴计划，在吉林省地方政府及乡村振兴局的支持下，自2020年起，吉林建筑大学建筑与规划学院积极开展课程优秀教学成果落地应用转化，已完成乡村营建及城市更新实际项目8项。

9.2.1　乡村营建系列项目

　　1. 项目《闲庭信步》

　　（1）项目概况及流程。

　　① 项目介绍。

　　本次设计将"实用性"放在首位考虑，希望给人们提供休息的场所。选址位于吉林省长春市二道区劝农山镇太安村，当地物产丰富、空气清新，选地周围被梨树环绕，非常符合团队对于本次方案的最初设想（图 9.44）。

《闲庭信步》
周边环境

图 9.44　《闲庭信步》周边环境

（资料来源：阮阳）

② 团队成员（图 9.45）。

团队成员为建筑与规划学院学生（国建 192 班项智博、霍昱竹、王曦曼、李诗淳、阮阳、马宇明、陈鹏宇、张馨元，建筑 181 班杨璨，建筑 183 班李悦，建筑 173 班刘伯琪，规划 171 班程雅涵）。

《闲庭信步》
团队成员

图 9.45　《闲庭信步》团队成员

（资料来源：阮阳）

③ 团队分工。

国建 192 班同学用 Sketch Up、CAD 等软件提供了完整的方案及方案的具体尺寸数据，并参与后期的搭建过程。

《闲庭信步》方案设计如图 9.46 所示，高年级学生参与后期的搭建过程（图 9.47）。

④ 工作计划安排（图 9.48）。

图 9.46 《闲庭信步》方案设计

（资料来源：设计组）

图 9.47 《闲庭信步》高年级学生参与搭建

（资料来源：阮阳）

图 9.48 工作计划安排

（资料来源：阮阳）

《闲庭信步》
方案设计

《闲庭信步》
高年级学生
参与搭建

工作计划
安排

（2）工作过程。

前期准备工作：2019级学生计算木方尺寸，考虑到是在室外场地使用，因此材料使用防腐木方，实际截面尺寸采用（2.6～2.7）cm×4.5cm。教师购置角码（宽3.5cm、2.0cm）、钉（2.5cm、1.6cm）、手电钻、螺丝刀、卷尺、木老爷胶、胶刷、手锯、锯条、砂纸、手套、2.67cm×4.5cm防腐木方200根。

现场工作过程如下。

第1天：女同学将木方按尺寸分堆，同时分出一组同学按图纸尺寸画出切割线，男同学上山夯实地块，同时在山下平地上按照计划搭建步骤进行第一步搭建，用于确定外墙弧度。

第2天：对已画出切割线的木方进行切割，同时女同学分组对已切割的木方进行挑拣分组，男同学则分组使用手电钻对已分组的木方进行初步的拼装组合。对初步拼装的座椅单体与墙壁地板等进行连接，并按图纸序号进行排列分堆。

第3天：分为2组，将已拼接好的外部座椅按地板弧线连接。外部座椅连接完成后分为4组，其中2组连接内部座椅，另外2组则用小木块对外墙与座椅进行加固处理。最后按顺序标记字母。

第4天：进一步完善搭建起来的部分，沿画好的曲线塞入木块，使木条竖直稳固同时起到装饰效果。构筑物在山下初步搭建完成，接着部分拆开用三轮车运上山并拼接。棚顶木方切割完毕后，对棚顶木方进行安装。

（3）工作中的问题总结。

① 前期工作准备不足，材料及工具计算结果有误差，导致进度缓慢。

② 分工不明确，只有一小部分同学深入了解方案，导致工作效率低下。

③ 搭建方法和方式有些不当，没有考虑所选材料的自重。

④ 搭建完成的误差较大。

本次搭建突出了团队合作在整个过程中的重大意义，让同学们体验了一个方案从最开始的想法到最终落地的全过程。团队合作的锻炼，为同学们未来的工作打下了基础，提高了个人能力。通过项目的实际搭建，同学们认识到在今后的学习生活中考虑方案应该从多角度出发，不仅要考虑美观，而且要考虑方案的实用性、耐久性和坚固性。图9.49所示为《闲庭信步》成果展示。

《闲庭信步》
成果展示

图9.49 《闲庭信步》成果展示

（资料来源：阮阳）

（4）实践感悟。

此次乡村营建，让同学们通过实际项目的搭建不仅达到了应有的团队合作，也让同学们明白了相比读万卷书，不妨去行万里路。实践出真知，在实践中得到的经验，才是真正不断提高自己的关键所在。

现实中操作的东西，往往没有计算机与图纸中的那么理想化，一些细微的误差甚至会导致整个数据与模型需要推倒重来，一个成功的项目需要很多人密切配合和付出心血。此次搭建经历，同学们不仅真实地接触到了材料，而且对材料也有了更深刻的感知与印象。

2. 安图县社会实践搭建项目

在吉林省延边朝鲜族自治州安图县人民政府及乡村振兴局的支持下，于 2021 年暑期由课程主讲教师常悦、周洪涛、宋义坤、高智慧带领 21 名同学将"（建筑设计）专项训练 1"课程的 3 个优秀作品落地吉林省延边朝鲜族自治州安图县咸成村、龙泉村和龙林村中。

项目工作过程如下。

第 1 天：上午 9 时实践队伍抵达安图县（图 9.50），同学们放下行李便立即前往咸成村、龙泉村和龙林村，大家分工明确、相互配合，充分发挥创造性思维和团队协作精神，不辞辛苦地进行实体搭建。安图县搭建方案如图 9.51 所示。

第 2 天：各组同学在教师的指导与现场工人的帮助下投入核心部分的搭建中。安图县建构搭建现场如图 9.52 所示。

第 3 天：同学们前往搭建地点，完成此次作品的搭建收尾工作。经过一上午的忙碌，各组都高效且顺利地完成了搭建任务。至此，第一阶段的建构搭建任务圆满完成（图 9.53）。

当天下午，在教师的组织下，社会实践团队与当地村支部进行了座谈交流，村支部书记向大家介绍了当地的人文、地理、经济发展状况及目前乡村振兴工作的开展情况，同时向大家表达了乡村规划的目标和愿景，为团队的后续工作提供了方向和思路。

抵达安图县

图 9.50　抵达安图县
（资料来源：项智博）

安图县搭建
方案

图 9.51 安图县搭建方案

（资料来源：设计组）

安图县建构
搭建现场

图 9.52 安图县建构搭建现场

（资料来源：项智博）

安图县建构
搭建任务
圆满完成

图 9.53 安图县建构搭建任务圆满完成

（资料来源：项智博）

图 9.53　安图县建构搭建任务圆满完成（续）

（资料来源：项智博）

9.2.2　城市更新搭建项目

项目地点：长春市北湖国家湿地公园

团队成员：建筑 191 班朱留美、李思凝、王瑶、王懿莹、钱采缇，国建 191 班王冠三，建筑 182 班曹瑞芃

指导教师：常悦、于奇

建构材料：防腐木方

设计理念：

任何设计都必然诞生于各种既定条件之下。在设计之初，木方的数量、材料的特性、尺寸的限制等就是我们进行设计的先决条件。如何在有限的条件下，创造出富有变化而且形式与结构相统一的作品，是摆在我们面前的一个考验。木方，在空间形式要素中作为杆件出现，对其操作的重点在于对空间的密度和韵律的调节。在具体操作中，我们将均匀排列的正方形框架绕对称中轴按固定的角度进行旋转，在 X、Y、Z 三个维度都实现了木方由"直"变"曲"的排列秩序，仿佛有一种力量将其轻轻扭转，从而产生了内部高度、行走路径、空间光影等一系列变化。这样纯粹、节制、朴素的操作手法，实现了韵律与节奏的建构，体现了数学的逻辑之美。

方法步骤：

在搭建的准备阶段（图 9.54），我们先进行了模型的细化，同时研究了各种连接构件的功能和适用范围，并将电脑模型的各部分拆解开来进行分组、编号、编排组装顺序等前期工作。

在正式开始搭建前，我们根据编号测量木方的长度与斜角角度，并进行切割与单一元素的组合，这样有利于我们后期的整体组装。

组装过程中，虽然我们只需将前期准备好的单一构件进行连接，但是组装过程中仍旧存在误差问题，所以我们结合实践将方案的形式做出调整，以最大可能还原方案本身。

长春市北湖国家湿地公园项目搭建过程如图 9.55 所示，其分析图及平面、立面、剖面图如图 9.56 所示，其成果图如图 9.57 所示，其实景如图 9.58 所示。

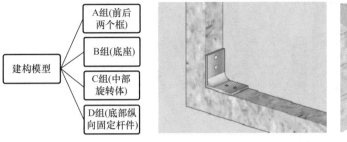
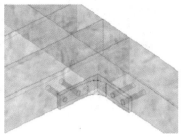

图 9.54　长春市北湖国家湿地公园项目搭建准备
（资料来源：设计组）

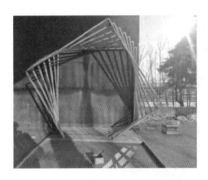

图 9.55　长春市北湖国家湿地公园项目搭建过程

（资料来源：李思凝）

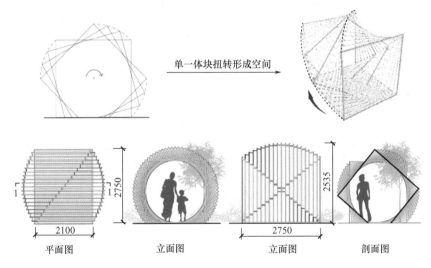

图 9.56　长春市北湖国家湿地公园项目分析图及平面、立面、剖面图
（资料来源：设计组）

图 9.57　长春市北湖国家湿地公园项目成果图

（资料来源：李思凝）

图 9.58　长春市北湖国家湿地公园项目实景

（资料来源：常悦）

长春市北湖国家湿地公园项目搭建准备

长春市北湖国家湿地公园项目搭建过程

长春市北湖国家湿地公园项目分析图及平面、立面、剖面图

长春市北湖国家湿地公园项目成果图

长春市北湖国家湿地公园项目实景

教师评语：

　　方案初稿时，便将方案的落地性考虑其中，包括材料的成本、施工难度及构筑物所带来的实用意义等，这其实更加限制了方案的生成手法。本方案的构思意在将构成的理论与实践相结合。结构上，方案采用底部基座间的缝隙固定倾斜的构件，通过多种角件的连接完成旋转的变化。并且，方案的搭建与完成皆在气温为零下的冬日，它还经历了多日的风

吹雨淋却依然坚固如初，可见其做工之完善。观感上，秩序是使建筑产生美感的一种方式，方案几经更改，最终选择了手法更为纯粹的一个，也是希望该方案能与周围环境融为一体。该方案的搭建与落地在寒冷的十二月，然而小组成员不畏条件恶劣，依旧激情饱满，从始至终，力求尽善尽美，或许这份精神是我们建筑人应有的坚持。唯有热爱才是我们不断前行的动力。

本 章 小 结

　　本章汇总了吉林建筑大学建构教学成果和吉林省建构大赛部分获奖作品，并从方案构成、生成过程及教师讲评等方面进行了案例分析；在社会实践部分，将吉林建筑大学建筑与规划学院设计基础教学团队的优秀教学成果进行转化，应用于乡村营建和城市更新中，助力乡村振兴和城市更新。

思 考 题

1. 对所在生活环境进行调研，试图发现可以应用建构设计进行改造的场景或功能。
2. 在本章中选出 2～3 个案例，尝试思考可以用其他何种材料进行替换？
3. 思考如何通过设计手段解决实际社会问题。

参 考 文 献

艾伦，2012. 建筑初步：第 2 版 [M]. 刘晓光，王丽华，林冠兴，译. 北京：知识产权出版社.

奥斯伯恩，2008. 建筑导论：第 3 版 [M]. 任宏，向鹏成，译. 重庆：重庆大学出版社.

鲍家声，鲍莉，2020. 建筑设计教程 [M].2 版. 北京：中国建筑工业出版社.

鲍克斯，2009. 像建筑师那样思考 [M]. 姜卫平，唐伟，译. 济南：山东画报出版社.

伯登，1999. 世界建筑简明图典 [M]. 张利，姚虹，译. 北京：中国建筑工业出版社.

布正伟，2006. 结构构思论：现代建筑创作结构运用的思路与技巧 [M]. 北京：机械工业出版社.

常工，蒙小英，杨涵，2013. 建筑设计基础课程群交叉学科融贯教学研究 [J]. 高等建筑教育，22（5）：
　90-94.

常悦，2018a. 基于中德对比的建筑学启蒙教育改革策略研究 [J]. 科技创新导，15（23）：189.

常悦，2018b. 中德教学模式比较下的实体与数字建构实操训练研究 [J]. 科学咨询（11）：79.

常悦，李梦飞，2019. 虚拟现实视域下的实体与数字建构设计教学研究 [J]. 建筑与文化（11）：31-32.

常悦，赵天澍，2021. 互联时代下历史建筑数字化更新设计的跨界应用策略刍议 [J]. 建筑与文化（9）：
　35-37.

陈进，2020. 浅析 VR 技术在展示设计中的应用 [J]. 中国新通信，22（4）：113.

程大锦，2005，建筑：形式、空间和秩序 [M]. 天津：天津大学出版社.

程文钰，毛超，宋晓宇，2014. 增强现实技术（AR）在建筑领域的应用及发展趋势 [J]. 城市建设理论
　研究（电子版）（24）：763-765.

褚冬竹，2007. 开始设计 [M]. 北京：机械工业出版社.

褚智勇，2006. 建筑设计的材料语言 [M]. 北京：中国电力出版社.

笪旻昊，2019. 虚拟现实技术的应用研究 [J]. 电脑迷（1）：53.

戴秋思，吴佳璇，叶自仙，等，2021. 国内高校建筑学专业建造实践的调研与探索 [J]. 高等建筑教育，
　30（2）：120-126.

戴文莹，2017. 基于 BIM 技术的装配式建筑研究：以"石榴居"为例 [D]. 武汉：武汉大学.

董姝婧，原璐，2017. 从认知到建造：基于空间、建构的建筑设计基础课程研究 [J]. 福建建材（11）：
　117-119.

董宇，崔雪，罗鹏，等，2019. 充气膜承冰壳结构形态设计及其建造实践 [J]. 西部人居环境学刊，34
　（4）：65-73.

高海慧，李维，高祚，等，2021. 生土材料改性及发展现状综述 [J]. 中国科技信息（16）：47-48.

高祚，李维，高海慧，等，2021. 生土建筑材料发展方向展望 [J]. 建筑安全，36（7）：55-57.

宫元健次，2007. 建筑造型分析与实例 [M]. 卢春生，译. 北京：中国建筑工业出版社.

顾琛，李蔚，傅彬，2012. 节奏空间探究 [M]. 武汉：湖北人民出版社.

顾大庆，柏庭卫，2011. 空间、建构与设计 [M]. 北京：中国建筑工业出版社.

过伟敏，刘佳，2011. 基本空间设计 [M]. 武汉：华中科技大学出版社.

韩进宇，2015. 装配式结构基于 BIM 的模块化设计方法研究 [D]. 沈阳：沈阳建筑大学.

郝卫国，朱雅晖，2021. "垚·望望"夯土技艺应用下的乡村空间装置设计与建造 [J]. 室内设计与装修
　（6）：116-118.

赫茨伯格，2003. 建筑学教程：设计原理 [M]. 仲德崑，译. 天津：天津大学出版社.

黑川纪章，梁鸿文，1981. 日本的灰调子文化 [J]. 世界建筑（1）：57-61.

胡春，王薇，2019. 基于纸板材料的建造教学探索 [J]. 住宅科技，39（7）：67-70.

怀特，2001. 建筑语汇［M］. 林敏哲，林明毅，译. 大连：大连理工大学出版社.

季翔，2011. 建筑视知觉［M］. 北京：中国建筑工业出版社.

姜涌，2016. 建造的自主体验与学习：建造实习教学改革［J］. 动感（生态城市与绿色建筑）（4）：64-67.

考迪尔，潘那，肯农，2012. 建筑与你：如何体验与享受建筑［M］. 戴维平，译. 上海：同济大学出版社.

克罗，拉塞奥，1999. 建筑师与设计师视觉笔记［M］. 吴宇江，刘晓明，译. 北京：中国建筑工业出版社.

拉索，2002. 图解思考：建筑表现技法［M］. 邱贤丰，等译. 北京：中国建筑工业出版社.

劳埃德，2012. 建筑设计方法论［M］. 孙彤宇，译. 北京：中国建筑工业出版社.

劳森. 设计师怎样思考：解密设计［M］. 北京：机械工业出版社，2008.

黎志涛，2010. 建筑设计方法［M］. 北京：中国建筑工业出版社.

李国豪，等，2008. 中国土木建筑百科辞典：工程材料［M］. 北京：中国建筑工业出版社.

李恒德，2001. 现代材料科学与工程辞典［M］. 济南：山东科学技术出版社.

李嘉枢，2016. 浅谈虚拟现实技术的新发展［J］. 探索科学（10）：413.

李婧濛，2016. 浅谈增强现实技术（AR）在建筑领域的应用及发展［J］. 建筑工程技术与设计（14）：440.

李良志，2019. 虚拟现实技术及其应用探究［J］. 中国科技纵横（3）：30-31.

李巍，2018. 虚拟现实技术的分类及应用［J］. 无线互联科技，15（8）：138-139.

李文霞，顾翀，2013. 简述虚拟现实技术［J］. 今日印刷（6）：70-71.

李翔宁，常青，孙澄，等，2020. 后人文建构：乌镇"互联网之光"博览中心研讨［J］. 建筑学报（8）：26-31.

李彦伯，李梓铭，2020. 材料·建构·体验：同济大学国际建造节评委会特别奖作品《显·隐》中的建筑学本体话语［J］. 当代建筑（10）：124-127.

刘文娅，2019. VR 技术分析与应用发展［J］. 电脑知识与技术，15（25）：241-243.

刘滢，张君瑞，于戈，2018. 落花情·流水意：2018 国际高校建造大赛哈尔滨工业大学参赛作品展示［J］. 城乡建设（19）：12-13.

刘永黎，2020. 纸材的空间建造策略研究［J］. 设计艺术研究，10（2）：49-53.

卢本，2010. 设计与分析［M］. 林尹星，薛浩东，译. 天津：天津大学出版社.

罗丹，徐卫国，2017. 虚拟现实与建筑实践［J］. 建筑技艺（9）：75-77.

罗玲玲，2003. 建筑设计创造能力开发教程［M］. 北京：中国建筑工业出版社.

罗文媛，2005. 建筑设计初步［M］. 北京：清华大学出版社.

马克斯图蒂斯，2011. 建筑概论［M］. 程玺，译. 北京：电子工业出版社.

聂洪达，郄恩田，2016. 房屋建筑学［M］. 3 版. 北京：北京大学出版社.

潘鉴，颜勤，宋晓宇，2020. 建筑空间认知迭代：VR 空间认知、设计、表达［J］. 新建筑（3）：65-69.

彭武，2012. 上海中心大厦的数字化设计与施工［J］. 时代建筑（5）：82-89.

彭一刚，2008. 建筑空间组合论［M］. 3 版. 北京：中国建筑工业出版社.

塞维，2006. 建筑空间论：如何品评建筑［M］. 北京：中国建筑工业出版社.

邵韦平，2012. 凤凰国际传媒中心［J］. 建筑技艺（5）：118-125.

沈克宁，2010. 建筑类型学与城市形态学［M］. 北京：中国建筑工业出版社.

石宇航，2019. 浅谈虚拟现实的发展现状及应用［J］. 中文信息（1）：20.

舒尔茨，1990. 存在·空间·建筑［M］. 北京：中国建筑工业出版社.

孙澄宇，2012. 数字化建筑设计方法入门［M］. 上海：同济大学出版社.

汤朋，张晖，2019. 浅谈虚拟现实技术［J］. 求知导刊（3）：19-20.

田学哲，郭逊，2010. 建筑初步［M］. 北京：中国建筑工业出版社.

王冲，2021. 材料质感对空间尺度认知影响的实验研究 [D]. 大连：大连理工大学.

王冲，陆伟，2020. 建筑材料质感汉语语义描述量化研究 [J]. 建筑与文化 (10)：80-82.

王蒙达，2016. 基于数字技术的嘉绒藏族传统聚落及民居建筑研究 [D]. 西安：西安建筑科技大学.

王思元，吴丹子，2019. 虚拟现实技术在"风景园林设计"课程教学中的应用 [J]. 中国林业教育，37 (3)：51-55.

王奕程，赵一平，许安江，等，2019. 长屋计划，德州，中国 [J]. 世界建筑 (1)：110-113.

维特鲁威，2001. 建筑十书 [M]. 高履泰，译. 北京：知识产权出版社.

吴卉，2008. 走在中国当代建筑中的思考 [D]. 天津：天津大学.

徐猛，2011. 数字时代下的建筑形态与普利兹克建筑奖 [D]. 上海：上海交通大学.

颜勤，宋晓宇，2018. "Mars＋VR"：提升建筑设计信息传递效率的新工具 [J]. 建筑技艺 (11)：117-119.

杨金鹏，曹颖，2009. 建筑设计起点与过程 [M]. 武汉：华中科技大学出版社.

杨溢，2018. 城市化背景下政府对城市综合体发展的对策研究 [D]. 苏州：苏州大学.

游丽，2010. 虚拟现实技术在建筑设计教学领域的应用 [D]. 成都：四川师范大学.

喻斌，朱柯，吴开腾，2019. 虚拟现实技术概述 [J]. 电脑知识与技术，15 (8)：215-216.

袁烽，2014. 探索建筑的自主性建构 [J]. 新建筑 (1)：46-49.

詹和平，2006. 空间 [M]. 南京：东南大学出版社.

张爱研，2019. 空间理念下的环境设计专业形态构成课程教学创新研究 [J]. 智库时代 (20)：199.

张静，张平乐，2014. 以空间建构为导向的《建筑设计基础》教学改革初探：以湖北文理学院建筑工程学院为例 [J]. 湖北文理学院学报，35 (2)：86-88.

张璐，2013. 基于虚拟现实技术的用户界面设计与研究 [D]. 上海：东华大学.

张向宁，2010. 当代复杂性建筑形态设计研究 [D]. 哈尔滨：哈尔滨工业大学.

张早，2013. 建筑学建造教学研究 [D]. 天津：天津大学.

赵明成，2013. 建筑数字化设计与建造研究 [D]. 长沙：湖南大学.

赵霞，2009. 虚拟现实技术应用和发展趋势 [J]. 光盘技术 (11)：10-12.

郑培信，2016. BIM技术在设计施工一体化中的应用 [J]. 公路与汽运 (1)：234-237.

郑琪，2005. 基本概念体系：建筑结构基础 [M]. 北京：中国建筑工业出版社.

志水英树，2002. 建筑外部空间 [M]. 张丽丽，译. 北京：中国建筑工业出版社.

周瑾茹，2006. 空间建构理论方法在我国建筑教学中的探索实践 [D]. 西安：西安建筑科技大学.

周立军，2003. 建筑设计基础 [M]. 哈尔滨：哈尔滨工业大学出版社.

周泽渥，2012. 凤凰国际传媒中心的数字化设计与建造 [J]. 土木建筑工程信息技术，4 (4)：64-68.

邹华，2016. 非线性曲面形态"低技术"数字化建造研究 [D]. 长沙：湖南师范大学.

卒姆托，2010. 思考建筑：第2版 [M]. 张宇，译. 北京：中国建筑工业出版社.

HHDFUN，王成贵，王振飞，等，2013. "低技"参数化山海天阳光海岸公共服务设施 [J]. 城市环境设计 (5)：74-75.

SCARPACI P，范嘉苑，2020. 重叠：2020年阿根廷Hello Wood建造节 [J]. 现代装饰 (8)：156-159.